今天要比昨天
过得更好

【韩】金性希　著
王春潮　译

中国画报出版社・北京

图书在版编目（CIP）数据

今天要比昨天过得更好 / (韩) 金性希著 ; 王春潮译. -- 北京 : 中国画报出版社, 2018.12

书名原文: I Love Today Than Yesterday

ISBN 978-7-5146-1613-2

Ⅰ. ①今… Ⅱ. ①金… ②王… Ⅲ. ①人生哲学—通俗读物 Ⅳ. ①B821-49

中国版本图书馆CIP数据核字(2018)第186903号

著作权合同登记号　图字：01-2018-1270

今天要比昨天过得更好

［韩］金性希 著　王春潮 译

出 版 人：于九涛
责任编辑：郭翠青
责任印制：焦　洋

出版发行：中国画报出版社
地　　址：中国北京市海淀区车公庄西路33号　邮编：100048
发 行 部：010-68469781　010-68414683（传真）
总编室兼传真：010-88417359　版权部：010-88417359

开　　本：32开（880mm×1230mm）
印　　张：9.5
字　　数：220千字
版　　次：2019年2月第1版　2019年2月第1次印刷
印　　刷：三河市金元印装有限公司
书　　号：ISBN 978-7-5146-1613-2
定　　价：39.80元

虽然你不能随心所欲地掌控人生，但你却可以随心所欲地改变对待人生的态度。

献给亲爱的你

序：我的人生如此精彩

这是发生在南法波尔多机场的事儿。海关工作人员一直拿着我的护照用余光扫视我。从他的表情来看，他好像有点儿分不清我是韩国人还是朝鲜人。抱着开玩笑的心态，我在他面前跳了鸟叔的骑马舞，他嘿嘿一笑，朝我竖起了大拇指。比起费力解释，果然跳舞更直接有效。看着我的举动，同事忍俊不禁，大笑过后却突然跟我说："我也想像你一样活着。"

"嗯？我是怎么活的？"

"你总是很享受生活啊，而且对每件事都充满了热情。"

啊，是这样吗？连我自己都没有发现。可能这很大程度上跟我从事的工作有关。2009年，我开始担任“牛津之声（Voices from Oxford）”的法人代表。“牛津之声”是在牛津大学运营的线上媒体，我们会邀请世界知名学者及全球商业领袖来分享他们的知识，并制作成视频与大家分享。

我们的节目活动所涉及的领域多种多样，比如说会邀请生物学教授给理工科学生做讲座，让医科大学教授与环境专家共聚一堂探讨全球变暖的话题。为了与英国乃至全世界的学生分享知识，我们总是要费尽心思寻找最佳讲师，因此常常会从意兴阑珊变得热情高涨。

几年前，我们与首尔大学全球工学教育中心合作开展了教育项目，为了将合作领域拓展到中国及其他国家，我们简直忙得不可开交，自然不得不保持充沛的精力。

在知天命的年纪，我与牛津正式结缘。契机是一位牛津大学的女教授觉得我的论文很有趣，询问我要不要进入研究生学院进修。我为自己找了各种各样的理由来逃避，最后，在缘分的牵引下，我还是成了牛津大学的一名学生。在与年轻朋友激烈的竞争与求知的愉悦中，我完成了学业。我心想着这段因缘终于告一段落，就离开了牛津。可是有一天，牛津的导师却突然向我宣告这段因缘还没有结束，这一切都是因为“牛津之声”。

不再需要照料孩子们的生活起居，在五十岁这一知天命之年，我开始攻读英语文学专业。很多人听到这件事儿都会流露出惊讶之情，但惊讶之情转瞬即逝，“真是嫁了一个有能力的好丈夫啊”，这种艳羡之情溢于言表。加之在外人看来，我这个年纪还能往返于首尔与英国之间工作，真的不是一般的好命，简直可以称为“霸道奶奶”。但实际情况却略有不同。

我身为人妻，是两个孩子的母亲，有像松鼠一样吵吵闹闹的孙子和孙女，可以说我是一位典型的韩国奶奶。我最喜欢米酒和牛肠火锅，缺少了大酱和泡菜的餐桌，总是让我提不起食欲来。如今也是一样，每到用餐时间，我都要为准备饭菜而发愁，不得不去逛菜市场。在国外，因为既要照顾孩子们，又要专注于暮年才开始的学业，我养成了勤俭节约的习惯。

尽管这样，因为我从事知识传播的工作，会接触到很多学者（我学到的东西是别人的两倍），所以常常有人对我怀有一种误解，那就是跟别人相比，我的梦想更宏大，我想实现的目标更多。但是我从来没有设定过远大的目标。我总是专注于眼下的情况并尽最大的努力，怀着“很难做出最好的选择时就退而求其次”的心态来生活，结果我却收获颇丰。而所有这一切，都始于生计的压力。

1979 年，我丈夫取得了牛津大学的博士学位并成为一名研究员，我跟随他来到英国并经历了人生中的一次试炼。我丈夫突然晕倒并且住院，所患的疾病是在当时足以致命的结核。在陌生的国度，领着两个孩子，我首先要做的就是给我丈夫买药，怀着我得照顾丈夫并担负起家庭生计的念头，我开始了奔波。

回到韩国也是出于同样的原因。那时候很多地方邀请我回国工作，在教授英语的过程中我发现了自己的不足，并开始正式攻读英语专业，同时也从事新闻广播方面的工作。新闻类的工作让我一直与英国保持着沟通与交流，有一位教授对我的努力一直很关注，在他的劝说下，我进入牛津大学进修。就像我自己很晚才对学习产生兴趣一样，我想为更多的人提供一个可以学习的机会，“牛津之声”就是起源于这个简单的想法，并且让我的想法变成了现实。

永远不知道未来会发生什么，这就是人生。既有准备万全却在即将到达终点之时摔倒的人，也有把握住了唯一的机会而成就自我的人。通过“牛津之声”这一个小小的节目，我接触到了很多人，也使我更加深切地体会到“人生无法被计划”。诺贝尔奖获得者、世界知名学者、跨国企业的领袖……这些人都不是一开始就一路高歌猛进、一帆风顺的，他们都经历了几次人生轨道的转变才走到了今天。可以说比起普通人，他们摔过的跟头更多，他们绕的弯路更远。

如果说不能尽如人意是人生的真理，那么偶尔欣赏一下沿途的风景就是人生的妙趣。拼命学习、拼命努力获得了所谓的成功，却过着与家人疏远、没有朋友的生活，在迟来的空虚中挣扎度日的人也不在少数。我见过很多人，他们直到走到生命之路的尽头才开始后悔：为什么我的一生只为了前进而活？我当然也和他们一样用同样的姿态走在人生的道路上，但是“要让今天过得比昨天更精彩、更幸福”的想法却一直伴随着我。当考验来临时，比起妥协投降，我总是努力从导师们那里学习人生的宝贵之处。

因为好奇心旺盛，我常常探索新的道路却陷入徘徊不前的状态，但是这样却能令我迸发出意想不到的热情，收获学习的乐趣。不是为了追求人生的乐趣而活着，但认真生活却感受到了乐趣；没有为明天做出周详的计划，但是努力活在当下、过好每一个瞬间便收获了累累硕果。啊，如此说来，这难道不是真正幸福的人生吗？

不久之前，牛津大学为了纪念埃克塞特学院（Exeter College）成立七百周年邀请了《哈利·波特》的作者J.K.罗琳。访谈过程中，罗琳展示了作为世界知名作家所具备的非凡魅力。教授与毕业生、千余名在校生都屏气凝神倾听她的故事。访谈结束后是自由提问的互动环节，有的女学生禁不住潸然泪下，现场气氛异常火爆。但罗琳提到的一件微不足道的逸事却给我留下了深刻的印象：由曼彻斯特开往伦敦的火车晚点了四个小时，就是在此期间罗琳开始构思小说《哈利·波特》。

我最常说的一句话就是："Life is wonderful!（人生是美妙的！）"人生值得走这一遭。与其努力构想人生的目标清单，不如把自己目前的工作归入人生的目标清单，这样会让你的生活更加有意义。究竟有多少人从一开始就从事着自己喜欢的工作？不管面对怎样的境遇，都要坚信自己的选择是最棒的，这才是享受工作、将工作做得更好的秘诀。在此时此刻拼尽全力，不知不觉中你会发现自己已经前进了一大步，这就是人生。

很多人对自己无法经历的人生道路心怀憧憬，却在自己应该前行的人生道路上踯躅不前。我想通过这本书告诉大家，只要坚信自己选择的道路是最棒的，人生就可以过得更潇洒、更愉悦。虽然我无法告诉你成功的秘诀，也无法教会你如何才能比别人过得更好，但我努力用我的经历告诉你如何打理好人生，希望可以带给你启示，引领你享受生活。当然这些人生智慧不仅仅来源于我一个人，还来源于谆谆教诲我的导师们，以及所有与我邂逅的人。我想把这些人生智慧毫无保留地分享出去，分享给我可爱的孙子、孙女，也分享给那些想要更加热爱生活的人。

金性希

书于牛津大学

目录

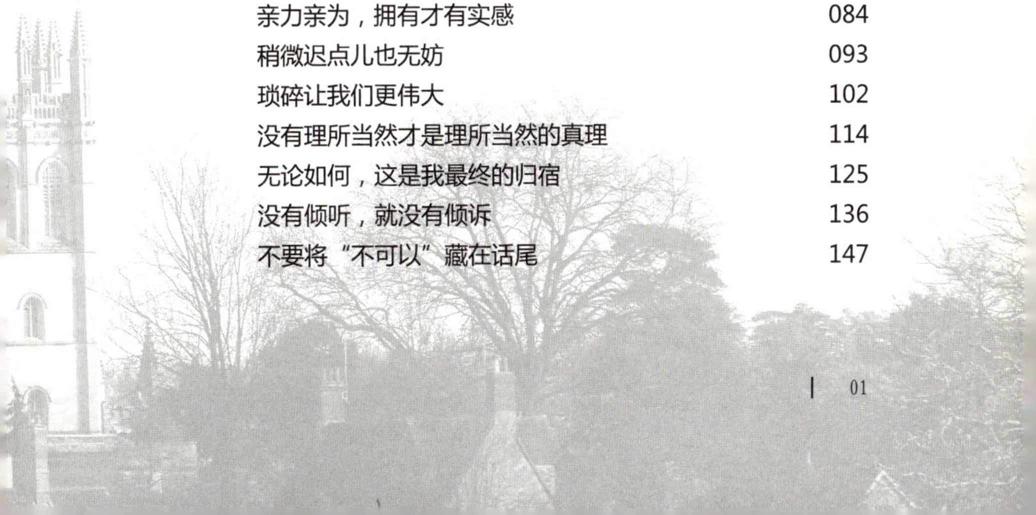

辑三　你所邂逅的人就是你一半的人生

辑四　致那些想更加热爱生活的人

辑一 今天要比昨天过得更好

对年逾半百的我来说，学校有着另外一层含义，它不再是奔赴未来的必经之路，而是给我带来求知乐趣的地方。对于学习新知识我不再恐惧，取而代之的是满心期待。每天都能切身感受到学习是一件多么幸福的事儿，学习给我带来感动，学习让我忍不住赞叹连连。我完全不在意我所学到的东西是否有用，因为仅仅是学习这件事就已经让我足够幸福。

来一场没有“目的地”的旅行吧

人生中最重要的选择就是挑选职业，而影响这个决定的最主要因素却是偶然性。

——佚名

啊，千万别问那个问题。

“教授，您年轻的时候有什么梦想？”

“您五十岁进入牛津大学进修，能跟我们谈谈您为什么这么做吗？”

“这可怎么办，到底要怎么回答啊？”

不管是谁，都会有一个想要避而不答的问题。“你的梦想是什么？”这正是那个让我头疼的问题。并不是我想刻意隐瞒什么，坦白地讲，我从来就没有认真思考过我的梦想是什么。年逾半百进入牛津大学进修，并且兼任牛津大学下属传媒机构“牛津之声”的法人代表，我的经历似乎给很多人造成了错觉，误以为我从小就与众不同、胸怀大志。遗憾的是，我从来就没拥有过什么了不起的梦想，也没有精心描绘过未来的蓝图。我只是专注于今时今日，用心过好生命中的每一天，就这样一步一步走到了今天。“梦想”这个词，总是给我一种华而不实的感觉。人生不是一定要有梦想，才算过得精彩。

韩国的年轻朋友们与牛津大学的年轻朋友们都存在着同样的烦恼。

“都说有梦想、有明确的目标才能成功，可我实在不知道自己的梦想是什么，到底应该拥有一个怎样的梦想呢？”

刚开始，我也被这个问题绕进去了。有那么一瞬间我都想跟他们击掌共勉："让我们一起努力寻找梦想吧！"但是转念细想，他们只是一群刚刚二十出头的孩子，而我走过的人生道路几乎是他们的三倍那么长，这一路上我都没有梦想，可我不也一样好好地走到了今天？再说，所谓的梦想也不是走在路上突然就闪现在脑海中的念头，难道不应该在积累更多人生经历的基础上经过反复斟酌再确定吗？什么都不考虑，一定要先拥有梦想的行为真的明智吗？为什么大家对梦想的执念如此之深？最后，我只能给出一个并不完美的答案。

"如果我是你的话，我就从我力所能及的事和我喜欢做的事开始做起，这样总有一天会找到梦想的，难道不是吗？"

让孩子们苦恼的罪魁祸首就是大人。大人们总是打着梦想的旗号向孩子们施压，要求他们不能虚度一分一秒，全力以赴提升自己的能力，所以在"你要拥有梦想"的教诲之后，总是跟着"为了实现梦想，你必须如何如何行动"的具体要求。拥有梦想固然是引导孩子们努力奋进的方法之一，但是对于那些独立性、自觉性强的孩子来说，我认为这种要求无异于给他们增加了沉重的负担。

出去旅游的时候，我一般不带地图。当然有时难免会绕远，但是没有地图的旅行总让人觉得妙趣横生。从某种意义上来说，梦想也是一样的。人们都说梦想是人生的地图，梦想是人生的指南针，我不敢苟同。人们还说只有拥有梦想，才能描绘好未来的蓝图，我也不敢苟同。对我来说永远只有今天。送走今天，我们所迎接的明天也不过是一个崭新的今天而已，我们活在当下，而不是活在明天。

因此，我想谨慎地说：构筑人生的基石不是梦想，人生就像一场没有“目的地”的旅行，跳出必须携带地图和指南针的固有观念，我们或许可以更潇洒地享受人生这场旅行。不要花费时间为明日担忧，在今天倾尽全力去生活，就会变得更幸福。在年逾半百的年纪，我之所以能够踏入牛津大学开启一段人生之旅，可能正是因为我没有梦想这个目标的束缚。不瞻前顾后，只关注今天做的事儿，就这样在不知不觉中，我已经成了牛津的一名学生。

“是吗？那你来牛津大学读书吧！”

这个赤裸裸的诱惑与一杯红茶一起放在了我的面前。

对我提出这个建议的是一位年逾六十岁的女教授，她有一头漂亮的深褐色短发，有着炯炯有神的双眼。端庄的她给出如此建议，让我的心莫名地为之一动。

遇到这位女教授，也就是艾奇逊教授的时候，我正担任着牛津大学韩国办事处的代表。有一天，我参加了一个学会举办的活动，并就“隐喻与传播”这一主题发表了论文演讲。我的演讲一结束就有一位教授打破静穆严肃的现场气氛站了起来，一边笑一边鼓掌。可能是受到了她的感染，现场的其他人也纷纷站起来热烈鼓掌。我当时的感觉是，可能在她看来，我这个小个子的亚洲中年女性表现得还算出色，这群听众也真是一群懂礼貌的人。其实我对学术讨论会没什么兴趣，倒是对招待会心怀期待。因为学术讨论会是学习时间，而招待会却是享受午餐和午休的时间。

就在我享受午休的间隙，那位起立给我鼓掌的教授找到了我，并和我聊了起来。她就是担任国际传播学会会长的艾奇逊教授。她热情洋溢，在学术方面也颇有造诣，可以说是一位在世界范围内都声名显赫的教授，我也曾几次听过她的课。

"你是韩国人吧，叫Sunny?"

没错，大家都叫我Sunny。Sunny虽说是我的英文名字，但更像是一个昵称。跟我刚熟识的朋友，用不上五分钟就把对我的称呼换成了Sunny。

"刚刚你在学术讨论会上发表的论文，你把它稍微充实一下，发表在学术期刊上怎么样？"

虽然觉得有些对不住她，但是我真的没什么兴趣。因为被一篇论文折磨得身心俱疲这种经历我已经体验过好几次了。但是我却无法压抑想要跟她成为朋友的欲望。交朋友是我的兴趣爱好，让别人高兴快乐则是我的特长。而艾奇逊教授绝对是一个魅力非凡、值得交往的人。她邀请我去家里做客，我们一边吃饭一边闲聊，越聊越觉得志趣相投。她为我泡了一杯红茶，甚至拿出吉他唱歌给我听。在气氛恰到好处的时候，她再次向我表露了心迹。那就是邀请我跟她一起写论文。我又不是年轻人，都一把年纪了，为什么向我提出这样的建议？该不会是想借着写论文的机会使唤我吧？我的脑海里思绪万千。

"我的能力恐怕不够……"

后半句吞吞吐吐没说出口，我只是在心里反复念叨着："就让我们像朋友一样好好相处吧。"但是，她却目光一亮，随即说道："是吗？那你来牛津大学，我们一起学习吧！我会帮助你的。"

什么？我简直不敢相信自己的耳朵。这可谓是千载难逢的好机会，说不定这辈子我都遇不到第二次了。可是我都一大把年纪了，难道又让我重新开始学习吗？难道让我和一群比我儿子、女儿还小的年轻人一起整日泡在图书馆里吗？只要我狠下心，把一切都当作没有发生的话，我的人生还是可以按照现有的轨迹延续下去的。不管我多么喜欢挑战，如此高难度的挑战还是让我觉得难以招架。

"哈哈哈，我一定会全力支持你，如果有机会入学，你可一定得去。绝对不能错过。我会以我的名义给你发奖学金的。"

我跟丈夫说起有人建议我去牛津大学深造，他听过之后一直放声大笑，也不知道在高兴什么。

"说什么支持？之前写论文的时候，也口口声声说要帮我，最后拿着红笔在我的论文上圈圈点点，一通批判。这次又表示要全力支持我，不知道打的什么主意。哼，哪怕是因为你，我也不会去牛津大学上学的。”

“你之前不是答应过我吗，说你会去牛津大学读书，你不记得了吗？人活一辈子，可不能食言啊！”

我答应过吗？哦，对了，是在 1979 年。1979 年，我的丈夫接受牛津大学的邀请，作为一名访问学者来到英国就职。对毕业于全州大学的我来说，牛津大学既梦幻又帅气。我的丈夫在这样一所世界一流的大学里工作，我心里莫名地羡慕。因此我赌气地对正在为我介绍牛津大学的丈夫说：“再过几年，我也会来这里上学的。”这件往事也能算作是一个约定吗？

“你是一个绝对不会食言的人。你教育孩子的第一条准则不就是‘信守诺言’吗？”

这的确是事实。不管是作为老师、教授，还是身为母亲，我总是强调“信守诺言”的重要性。人生就是由一连串的诺言构成的，人也是在许下诺言并践行诺言的过程中成长的。好好履行诺言，就能拥有属于自己的人生。但是我从来没有向丈夫郑重承诺过我要去牛津大学读书。当时我说的话不过是一句玩笑话罢了。

“哇，我帮你交学费，妈，你一定要去牛津上学。”儿子也难掩兴奋地说道。

“你就那么希望老妈跟一群年轻的孩子竞争？”

“当然了。妈，这个钱给你买书吧，一定要好好学习哦。”已经工作的女儿一边从钱包里拿出钱递到我面前，一边说道。

“孩子们这都是怎么了？”

对仍犹豫不决的我来说，儿子的第二句话犹如晴天霹雳。

“妈，你之前不也答应过我吗，说你会不停地考试、不停地学习，就这么过一辈子。”

啊？我还答应过这种事儿？哦，想起来了。

都说子女教育最让人头疼。作为一名教授，工作再辛苦，也比不上教育子女辛苦。我教给他们的东西，他们不到一分钟就忘得一干二净，他们的“天真单纯”几乎让我精神失常，也就是在崩溃的边缘，我突然意识到自己犯了一个错误。我为什么要强迫孩子们学习，还对他们发火？平时都把表扬挂在嘴边，为什么一涉及学习这件事儿我就只会批评和指责？我可怜的孩子们本来就已经因为成绩不好而垂头丧气了。

从那时开始，我改变了我的策略，我开始在他们面前学习，确切地说，应该是我想引导他们坐下来跟我一起学习。说实话，刚开始我没抱太大希望，就是一种“我学我的，你们自己看着办吧”的心态。后来孩子们也自然而然地坐在我身边，开始花费更多的时间来学习，成绩也随之渐渐提升。我的许诺好像就是那个时候发生的事儿吧。当时，儿子学习很努力，但是仍旧和过去一样十分害怕考试，我轻轻地抱着他安慰他说：“人生中有很多事儿比考试可怕得多，等你到了妈妈这个年纪，你就会发现还是考试更容易。妈妈就想做一个一辈子只考试、只学习的人。”

“这算哪门子承诺啊？这不过是安慰你的话罢了。”

我拿着女儿让我买书的钱，毫不犹豫地买了衣服和皮鞋，心想：“我因此变漂亮了，女儿应该也不会有什么不满。”虽然有点心虚，但拿着女儿给的钱买了衣服和皮鞋这件事并没给我带来什么愧疚，因为从前都是我买给女儿。但是没有遵守与孩子们的约定这件事，还是让我觉得心里不踏实。我们的一生就是在完成与别人的约定中度过的。无心随口说出的话，对方很可能会信以为真。仅仅是信守诺言这一点，就能使你成为更好的人，而成为更好的人，就意味着拥有更精彩的人生。

我走在去见艾奇逊教授的路上，去告诉她我的决定。当天的阳光格外耀眼，牛津的道路也格外静谧。我就好像是回到了我的学生时代，走在放学回家的路上。上高中的时候，可能是因为我过于感性，理科学得很差，那时候我很灰心。特别是那些该死的化学式，我不想输给一堆奇怪的代码。往返于学校和家之间的路上，我坚持不懈地死记硬背这些化学式。在记住了所有的化学式以后，我干脆开始背理科课本。最后，我胜利了。我取得了人生中第一个理科类考试的满分，那种畅快淋漓的感觉无法用语言形容。在回家的路上，我默默对自己许下承诺——

“总有一天，我会在最好的大学里成为最优秀的学生！”

父亲听罢我的决心后，只是轻轻抚摩了一下我的头。不知不觉中想起的这段往事，让我更加不想错失眼前的机会。人生中，比梦想更重要的东西正是那些数不清的、对自己许下的承诺。在这些承诺面前，我们不需要装作胸有成竹，也不需要一脸严肃。人的一生如此漫长，难免有时会忘记这些承诺，可就算我们不曾忘记，也不会有人出来指责我们为什么没有遵守承诺，因为这归根结底只是我们自己的事儿。所以，姑且让我再相信自己一次吧！

我敲响了老教授研究室的门，然后说出了那句准备已久的话。

“你一定会帮我的，对吗？”

让后悔“少”一点儿的人生哲学

只看好的方面，只想好的事情，这样就可以无所畏惧。若有不幸会降临，那就等到不幸降临时再去思考。

——村上春树《袭击面包店》

人们都说要过无悔的人生，但人活一辈子如何才能做到永不后悔？可能是天性使然，我常常怀念过去，也常常后悔。那些出现在电视节目中的知名人士，每当他们说起自己一生无悔时，我总是忍不住投去质疑的目光。尽管如此，后悔却并不是一无是处。后悔让人因为羞愧而脸红，也会让人一蹶不振，但是从另一个方面来说，后悔是对过去所犯错误的深刻反思，使我们成长得更强大。

在年逾半百之际，重新开始学习，我怎么可能不后悔？从入学到最后的论文完稿，我经历了四年零六个月的漫长时光，可以说每一天我都是在后悔中度过的。坦白地讲，在还没入学之前，我就已经开始后悔了。

牛津大学的入学竞争非常激烈，从来没有人可以仅凭一位教授的许可就成功入学。只有通过严苛的正规甄选流程，得到由相关专业教授所组成的评审委员会的一致同意，才能拿到入学通知书。我刚提交完入学申请材料，就收到了被拒绝录取的通知，一切似乎都那么理所当然。虽然他们并没有告诉我拒绝我的具体原因，但是我心知肚明。允许一个年逾半百的亚洲女性入学，这种事即便是在现在也并不常见。我心想着这场闹剧是时候收场了，却突然想起了一件与女儿有关的往事。

那是女儿去英国读高中不久后发生的事儿。有一天，女儿哭着给我打电话诉苦。

“妈，我的英语太差了，我听不懂老师讲课，作业也不会写，数学成绩更是倒数的。我连吃饭都没胃口。”

与其说女儿是在愤懑、抱怨，不如说她是想跟久未见面的妈妈耍一下小孩子脾气罢了。但那时的我很愚钝，没有意识到这一点，所以我并没有安慰她。现在回想起当时的情形，仍旧觉得自己的言行过于严苛。

“既然你觉得太辛苦，那我明天就给你买机票，你回来吧！”

在女儿听来，我说这话的意思可能是：“我难道会强迫你去做你讨厌的事吗？本来家里的条件就算不上优裕，不如你卷铺盖卷儿回来吧。”在陌生的国度，女儿听到这样的话，却连一个可以倾诉的朋友都没有。但是有时候错误的行为也可以引导对方做出更好的选择，当然前提是对方足够聪明。

“我是绝对不会回去的。您和父亲辛辛苦苦把我送到英国来读书，我一定会坚持到底的。我会好好吃饭的，吃饱了才有力气学习呀！”

女儿的态度发生了一百八十度大转变，坚定地回绝了我的建议。在抚养女儿的过程中，她总是时不时地让我惊讶。如果说儿子的成长方向是可以预见的话，那么女儿则会随着所处环境的变化展现出令我感到陌生的、崭新的一面。虽说这有时会带给我惊喜，但很多时候也让我手足无措。可能就是从那时起，我第一次切身体会到了女儿心性坚韧的一面。

第二天，我非常后悔并因此痛哭了一场。因为我接到女儿的宿管老师打来的电话，她对我说女儿昨天跟我通过电话之后一直哭个不停。对我这个迟钝的母亲，宿管老师小心翼翼地给出了中肯的建议。

“刚开始的时候都很难熬，相信她并默默地陪在她身边，这样做可能会更好。”

通话结束后，我觉得愧对女儿，眼泪不争气地夺眶而出，心中是说不出的悔恨。我祈祷女儿可以理解我的心情，不要责怪我。值得庆幸的是，女儿的消沉因为获得了美术特等奖而一扫而空。女儿也因此恢复了学习的信心，其他学科的成绩也日渐好转。最后，女儿专注于自己喜欢的学科的热情也对其他学科成绩的提升产生了好的影响。虽然现在我偶尔会跟女儿开玩笑说“你之所以有今天，多亏了当时我的强势”，但其实这件事儿一直让我十分后悔。

在入学受挫之后，我也不知道自己为什么会想起这段往事。难道是对自己太失望了，因为自己争强好胜的斗志连女儿的百分之一都不如？就算是到了该放弃的时候，就算最后不得不放弃，何不再试一次？想到这儿，我的心中重新燃起了斗志。我在入学申请书中详细介绍了自己在韩国大学任教以及从事媒体相关工作的经历，还跑去找艾奇逊教授，略带威胁地要求她对自己提出的建议负责——好像只有把能做的事儿都做了，以后回想起来才能少一点儿后悔。不知道我这种坚持不懈的韧劲儿在英国是否也行得通。虽然觉得以我的年龄来说，与年轻人一起学习可能会略显吃力，但是考虑到我有丰富的实践及教学经验，牛津大学最后还是通过了我的入学申请。我的第二次尝试最终以成功落幕。与生俱来的热情与坚韧，虽让我时常心怀感激，但是有时候也让我苦不堪言。艾奇逊教授一边将录取通知书递到我的手上，一边说道：

“Sunny，这段时间，我会一直关注你的。不管做什么你都要比其他人更努力才行，到处玩儿可不行。你必须全身心投入到学习中去，一定要谨记。”

牛津大学的学生们每天的日程安排可谓令我大开眼界。从上午到下午，都有周详的计划安排，每周要读 3—10 本书不等，并撰写报告及与个人研究方向相关的文章。所有的一切都是在自主自律的氛围下进行的，偶尔也有浪漫的校园爱情插曲，但所有人都不会过多分心，依旧熬夜学习、研究，准时完成作业。宿舍里整夜灯火通明的房间远多于准时熄灯休息的房间。一周中，除了在自己的房间及自习室中，很难见到学生三三两两聚在一起聊天的场面。就算在休息室，大家也是聊着跟作业相关的话题借以打发时间。

展示他们学术水平的最典型机构就是牛津大学辩论社“Oxford Union”。2012 年，李胜尹成为首位担任辩论社社长的韩国人，掀起“江南 Style”热潮的鸟叔朴载相也曾担任过该辩论社的邀请讲师，因此韩国人对这一学生团体也算有所耳闻。Oxford Union 所组织的活动水准之高，让人忍不住怀疑其组织者是否真的只是学生。辩论社每周都会邀请政治家、科学家或哲学家等知名人士前来做演讲，与这些学术专家讨论社会热点问题时，学生们也不会轻易就甘拜下风。与这些了不起的年轻朋友比肩，我的学习生活有多么艰辛就可想而知了。我不是鹤立鸡群，而是鹤群里的一只鸡。后悔，这个念头每晚都在我的脑海里打转。

其实比起学生，我更习惯老师这个角色。大学毕业后，我留校任教，后来跟随丈夫来到英国并学习了英语。回国后，我在西江大学研究生院取得了英语专业的硕士学位。在20世纪90年代，英语讲师是个稀缺的职业，因此我有幸以英语讲师的身份先后在几所大学任教，还参与了韩国教育广播电视台（EBS TV）英语学习节目的拍摄。英语讲师这份工作不仅有意义，而且在当时收入也很可观。

但是坦白地说，一开始我的英语并不好。还记得来英国的第一天，我连牛奶配送员的话都听不懂，心里狠狠地把韩国的英语教育批判了一番。我在韩国学了十余年的英语，却连最简单的话都听不懂，当时我心里对自己简直失望透顶。面对丈夫的嘲弄，我又羞愧又难过。“我学的是美式英语，现在只不过对英式英语还不熟悉罢了。”我回敬给他的是一个连我自己都觉得荒唐的借口。我甚至觉得我患上了英语恐惧症。在语言进修学校里，我在不知不觉中成了一个内向的旁观者。

最后，可以说是生活的苦难把我逼上了学好英语的道路。丈夫突然患病，我不得不独自面对经济上的困难与生活上的困苦。另外，我还有两个年幼的孩子需要照顾。最坏的情况就是我需要长期代替生病的丈夫赚钱养家，抚养两个孩子，一想到这里，我就深感恐惧。

如果丈夫久病不愈，那么我至少需要找一份工作，而我当时的英语水平连给丈夫买药都是个问题。这种紧迫感让我不得不开始好好学习英语。且不说如果马上回国，我需要一肩承担家里的生计问题，哪怕是为了给丈夫买到对症的药，我也得学好英语。虽然在家里我是负责教孩子们学韩语的老师，但是在英文写作课上我又重新变为学生，看着老师用红笔修改过的作业本，我忍不住长吁短叹。那个时候我的心中只有一个想法:“不要强求自己做到最好！”但我的内心深处还是对学好英语怀有期待的。

回想过去学英语时，我一心追求学得更快更好，并没有扎实地打好基础，心中难免后悔不已。就好像是为了考大学，一心只专注于研究怎样获得高分，而忽略了学习本身。所以这次我反向思考，决定不再执着于一定要学得更好，而是要做出一个在未来回想起今时今日之时能少几分后悔的决定。有时，退而求其次反而事半功倍。在我为自己设立了“不强求自己做到最好”的目标之后，学习反而突飞猛进。当时我以为我这辈子都不会再如此拼命地学习了。

但是，如今的我在牛津大学再次面临学习的挑战，只能说人生真是变幻莫测。虽然体力上有点吃不消，但我仍然熬夜啃书。遇到不理解的内容，我就跑去请教比我年龄还小的教授，每次总是抛出一连串的问题，等待他们解答。我在韩国的朋友们也饱受我的折磨，因为我动不动就给他们发邮件或是打国际电话问东问西。老公用红笔做出的批注我也虚心接受。本来就严重不足的自信基本上已经所剩无几了。我心想：与二十出头的年轻人竞争，只要没有落后太多，我就心满意足了。随着时间的推移，有几位教授也开始对我另眼相看，因为他们原本对我没有太大期待，没想到我会表现得意外出色。甚至有教授问我为什么如此用心地学习。

“就在你们力所能及的事情中，选一件未来能少后悔一点儿的事来做。就算不是学习也可以。”

在三仙中学任教的时候，学生们问我是不是一定要学习的时候，我给出了这样的答案。为了证明自己不是只关注名次和分数、执念于学习成绩的老师，年纪尚轻的我说出了这番豪言壮语。虽然这是我当时未经深思熟虑、脱口而出的话，但现在我可以信心十足地肯定这话并没有错。在英国我之所以能学好英语，就是因为我没有为自己设定宏伟的目标。不奢求更多，只要以后少后悔一点儿就好，这就是当时我最真实的想法。

人生的每一个节点都需要我们做出选择，不计其数的选择构筑起我们的人生。现在是应该学语文，还是学数学呢，这也是一种选择。不管什么时候，我们总是费尽心思想要做出最优选择，绞尽脑汁地为自己设立比别人更高的目标、寻找更好的人生道路。但是不管如何选择，最后难免留下后悔与遗憾，因为每个选择都是未完待续。我们需要做的就是在下次选择时弥补一下上次选择时留下的遗憾。人生就是在这种不断地完善中成长的过程。比起选择之后再后悔，不如在做选择时就考虑一下如何做才能让未来的后悔少一点儿。就好比为完美的表演画龙点睛的往往是动作的细节，我在五十岁之年开启的学习之旅之所以可以取得成功，难道不应该归功于“不用太强求”这一简单的决心吗？

世界上最忙碌的老奶奶的秘密

不管怎么说，人生是一场狂欢，一场需要被享受的狂欢，这不仅是我的想法，也是不容置疑的事实与真理。

——赫尔曼·黑塞《献给我的最爱》

对于明天，我们是心怀想象，还是做好了预想？进入牛津大学之前，在使用“想象”和“预想”两个词时，我基本不会刻意加以区分。虽说两个词的确切含义并不相同，但都包含着构思未来的意思。也不知道是从何时起，我开始觉得这两个词的含义存在着明确的差异。而这种差异直接体现在对可能性的描述上。

所谓的“预想”是实现可能性相对较高的未来。如果在分析过去的基础上确立预想，那么未来按照预想推进的概率就很高。预想是一个科学且逻辑严谨的概念。如果说一把年纪的我进入牛津大学求学，与年轻人之间存在着无法逾越的鸿沟的话，那么这种情况一定属于可预想的范畴。因为回想我走过的人生道路就会发现，构成我人际关系主体部分的绝大多数都是同龄人。

与此相反，“想象”是实现可能性相对较低的未来。想象并不是建立在分析的基础上，因为我们不是基于过去存在的某件事来想象，而是努力去构想出过去不曾存在的东西。遥不可知的未来，就属于可想象的范畴。如果说年过五旬的我可以和牛津大学的年轻人打成一片，那这种情况恐怕只能存在于我的想象中。到底我的牛津生活会更接近于我的预想，还是更接近于我的想象呢？

刚开始的时候，当然一切都跟我预想的一样，我总是觉得有人在我背后指指点点。

“听说班里有位同学年纪很大，你知道吗？”

“没听说过啊，她多大？”

“看起来好像有五十多岁吧！”

“你是说那个身上有泡菜味的亚洲人吗？”

当我觉得累时，我总是懒得切泡菜，常常整株整株地吃，可能是因为这个习惯，所以我身上有泡菜的味道吧。对于被排斥这件事我已做好了充分的心理准备，但是事到临头还是觉得手足无措。难以名状的孤独感让我好不容易敞开的心门再次关闭，学校对来说仿若地狱一般。我为什么要来到这里，凭什么要受这样的苦？在知天命的年纪却沦落到被冷落、排挤的下场，这个残酷的事实让我备感哀伤。

“怎么说我也是大姐姐，就不能温柔和蔼地对待我吗？我又不会吃了你们，只要你们愿意跟我做朋友，我一定会好好照顾你们的。”我的哀伤、难过很快变成了委屈。随着时间的推移，受冷落的事实渐渐激发了我的斗志。

“没错，要是我的话，我也不愿意跟这种妈妈级别的同学相处。没关系，我自己去图书馆拼命学习就好了，一定要让你们见识一下我的实力！”

但是在现实面前，我的斗志一败涂地。不知道是不是因为过于自卑，我连查找一个单词这种小事儿都要花费足足十分钟的时间。我放弃睡眠时间，没日没夜地埋头学习，仍旧于事无补，想要跟上年轻人的学习进度，还远远不够。别说是找回自信了，我不过是在原地打转，一切反而让我更加绝望。

上了年纪之后，疲惫总是写在脸上。有一天，因为睡眠不足而疲惫不堪的我站在镜子面前梳理头发，首先映入眼帘的就是浓重的黑眼圈，皮肤看起来也明显松弛了很多。我可怜的容颜——没错，学习就是让我衰老的直接原因。在电影《哈利·波特》中，经常会出现全校学生聚在大厅里一起吃饭的镜头，这一镜头正是在牛津大学基督教会学院（Christ Church College）的大厅中拍摄的。学生们每周都会穿着西装和晚礼服参加在这里举办的宴会，场面非常壮观。我每次都独自一人坐在位置靠外的椅子上，默默地喝着饮料、用着餐，无人交谈。就好像所有人都置身于色彩绚烂的电影场景中，只有我一个人的电影是黑白的。我一个人突兀地坐着，脑海中都是一些不切实际的幻想。

比如说我成为学生派对上最受欢迎的女主角，再比如说我在众人瞩目的舞台上展示了自己优美的舞姿，这些想象让我独处时也忍不住脸红起来。我都一把年纪了，还存在这样的幻想，连我自己都觉得不可救药。

被冷落的人都心怀这样的想法吗？比起求知的渴望，希望与大家和睦相处的愿望越来越迫切，怀念与人相处的感觉，殷切盼望着某个人能向我伸出友谊之手。

“Beautiful！”

不知从什么地方走来一个漂亮的年轻人，说出了这句话。因为“美丽”这个词跟我毫不相干，我甚至懒得抬起头看上一眼。如今在我的人生中，“美丽”这个词早已黯然失色。我忍不住抬头看了一眼，发现有一位女学生站在我的身边，脸上挂满了微笑。高挑的身材、白皙的皮肤、金色的秀发，可以说她是典型的西洋美女。没错，她的存在就是美丽本身，可这位美女到底找我有何事？

“Sunny？你太有魅力了！”

我环顾了一下四周，除了我以外还有别人叫Sunny吧？我可不是“beautiful Sunny（美丽的Sunny）”，我只不过是“ugly Sunny（丑 Sunny）”罢了。可我却发现我的身后空无一人。难道是在拿我开玩笑？我朝她投去警觉的目光，她却微笑着说起话来。她说她的名字叫凯特，还说第一天上课的时候她就想跟我搭话，但是一直没有勇气，所以拖到了今天。还说我看起来既漂亮又干练，说她希望有一天变老的自己也能像我一样。

直到这时我才明白，想跟我交朋友的人远多于那些想跟我保持距离的人。只不过他们也跟我一样没有主动出击的勇气。哎呀，我怎么可以如此愚钝？身为姐姐，我本来应该更主动一些的，然而我心里希望得到姐姐的待遇，实际上我的行动还没有小妹妹成熟，这叫我如何不对自己感到惭愧？

人生中的所有瞬间都可能成为机遇。如果有人朝你伸出手，你必须抓得住才行，不要胡思乱想。回想起我之前错过的种种，这次我毫不犹豫抓紧了凯特的手。从那天开始，凯特成了我最要好的朋友之一。

“Sunny，你要去参加游艇派对吗？”

牛津大学总是有这样或那样的派对。那天也是托凯特的福，我才有机会去参加埃克塞特学院研究生们举办的游艇派对。难道是我的期望过高？总而言之，这个派对无聊至极，不过就是坐在船上，顺着泰晤士河漂荡，席间大家喝喝酒、聊聊天而已。“我期盼已久的派对难道真的不过如此吗？”一时之间我难以接受。可能是因为我喝了点酒，也可能是凯特主动接纳我给了我勇气，我觉得一群热血沸腾、风华正茂的年轻人参加一个犹如研讨会一般老气横秋的派对，简直就是浪费青春。

我朝喝着鸡尾酒的凯特悄悄地使了一个眼色。

“凯特，我们让派对嗨起来吧！”

我拉着凯特的手奔到DJ面前，我对自己的舞姿还算有点信心。“就让姐姐先嗨起来吧！”伴随着摇滚乐，我跳起了摇摆舞。现场气氛瞬间突变，派对从原来的“研讨会”变成了舞会，大家全都积极响应。先是一两个女生凑在一起跳起舞来，然后发展为三五成群，最后八十余人借着皎洁的月光在游艇上跳舞狂欢。事实上，在场的每个人都热切渴望享受这样的派对时光，但是苦于没有“实战”经验，甚至不知道应该如何开始。想起刚才自己隐藏起渴望狂欢的欲望，一脸正经、安静聊天的模样，每个人都忍不住笑出声来。虽然未能以学习取胜，但是靠娱乐扳回一局的想法，使我的心中产生了一丝得意。

就这样，派对结束了。所谓兴起难自控，很多学生的脸上流露出意犹未尽的神情。

“谁跟我去第二轮？”

我高声喊道，船上立马变成了我宣传韩国“第二轮”酒文化的现场。我领着这群年轻朋友去了夜店，甩掉一切压力尽情狂欢。有几个朋友甚至爬到桌子上跳舞，现场可谓是一片混乱。

从那天开始，我成了公认的“舞会女王”。在开派对的时候，“叫上 Sunny!”几乎成了一句流行语。那些想去跳舞的孩子每天给我发来数十条短信。那些顽皮的孩子在校园里或者路上见到我，总要围着我转一圈，好像我一下子成了牛津大学前所未有的“混世魔王”。有一个男学生，不，应该说跟我儿子差不多大的家伙，冲上来亲了我的脸颊后大笑着逃跑了。为了维护“舞会女王”的形象，对于我的家庭婚姻状况我保持了一贯的沉默，没有必要故意去打断他们的想象。当我再次照镜子的时候，发现自己的皮肤在不知不觉中恢复了弹性，但黑眼圈还没有销声匿迹。果然让我衰老的不是学习，没能尽情狂欢才是真正的罪魁祸首。

新交的朋友们年龄都比我的女儿小，但是以游艇派对为契机，我们的友谊不断深入发展。超越种族、性别和年纪，我们成了可以开诚布公、谈笑风生的朋友。特别是，他们总是请我帮忙解决人生中的烦恼与困惑。虽然我的成绩比不上他们，但不可否认我的人生经历更丰富。我总是三番五次地强调：

“学习优秀并不等于人生完美。”

对这群智商超群的孩子来说，他们的烦恼常常十分类似。因为围绕着青春这一主题，恋爱问题是当之无愧的烦恼之首。

“学习本来就很忙，减少约会吧，总觉得会因此失去她；可是去约会吧，就难免要被指导教授骂，到底怎么办才好呢？”

面对各种人生疑问，冷静的对策远胜于暖心的安慰。

“少睡觉！你少睡一点儿不就有时间了嘛！”

“我最近发现我暗恋的男生喜欢上别的女生了。”

“只告白三次，如果没成功就放弃吧！放弃他，暗恋你的男生才有机会啊！”

我在牛津大学认识的朋友们大多数都是周中的时候努力学习，周末的时候尽情玩耍。在派对上常常能遇见因学习压力过大而前来放松的人。当然也有人参加派对是为了毕业后的人脉积累。英国学生普遍比较内向，你不主动搭讪，他们便不主动交谈，但当他们手握啤酒杯时，态度却会一百八十度大转弯。怎么形容呢？当你提出一个问题时，比起你想听的答案，他们会倾向于啰唆个没完没了。

在毕业典礼的前一天，我彻夜未眠。只要再过一天，我就不再是学生了，想到这里，我内心的感受很微妙。在毕业典礼现场，也就是谢尔登尼亚礼堂中，学校规定每位毕业生都可以在三位家人的陪伴下入场。因为我身兼教授与学生双重身份，所以我身后站着包括朋友在内的二十位嘉宾。我之所以有这样的待遇，是校方考虑到我是在与跟儿子、女儿差不多大的年轻人竞争，并且以非凡的热情完成了我的论文。

在毕业典礼派对举行的当天，我的同期同学们都精心打扮了一番，面带微笑地与家人一起出现在派对现场。当天晚上，我得到了埃克塞特学院校长的特许，与一百五十余名嘉宾在校长官邸开了庆祝派对。我记得这是学校首次也是最后一次允诺以学生个人的名义在校长官邸开派对。

那天我穿了一件紫色的晚礼服。我邀请了丈夫及其得意门生、未来女婿和他们的家人前来参加派对，并一一介绍他们认识。我的同期同学在看到我的丈夫和女儿以后都倍感惊讶。在校期间，我从来没跟任何人谈起过我的家庭隐私，这使很多人都以为我是单身。因为在英国，只要本人未曾主动提及，是不会有人询问其宗教信仰、婚姻状况及年龄等问题的。

最后，我推翻了所有人的预期，花了四年半的时间完成了我的研究生学业。如果没有我的朋友们，如果没有与他们的那些沟通与交流，我的学习之路不会进行得如此顺利。如今我栖身立命的“牛津之音”，如果没有他们的帮助，刚开始的时候也不会成功。

随着年龄的增长，孤独成了我最大的敌人。认识新朋友的机会也日渐减少，生活就好像是今天复制昨天，明天复制今天。我周围也有很多朋友抱怨越来越孤独，我总是想劝他们越是这种时候越应该鼓起勇气主动出击。值得庆幸的是我对于陌生人很少怀有戒备之心，另外，我的好奇心比较重，若有什么想见的人，我会想办法弄到他的联系方式，马上安排见面。因此，我的日程总是安排得满满当当。用女儿的话来说，我是“世界上最忙碌的老奶奶”。我往返于韩国与英国之间，没有可以让孤独乘虚而入的闲暇时刻，我对现在的生活心怀感恩，唯一不尽如人意的就是当我觉得太累想找丈夫诉苦时，他却总是数落我，说我身在福中不知福。

不华丽却亮闪闪的人生

不要在意年龄，如此一来，年龄便也无法左右你的人生。

——佚名

虽然我很讨厌“因为年纪的关系”“因为上了年纪”这类先入之见，但是那些伴随着年龄增长而出现的征兆，却让我无法忽视。而其中之一就是留恋。活得越久越无法丢弃对人世间的留恋，不肯随便扔东西便是留恋的一种表现。“求你把这个扔了吧！”不管丈夫和其他家庭成员如何催促，我在垃圾分类回收站前犹豫不决的时间开始慢慢变得越来越长。随着年龄的增长，哪怕是琐碎细小的东西也会让我恋恋不舍。上了年纪之后，我会更快地对某种东西产生不舍之情，而其程度也较过去更深。

不久之前，我的车在路上抛锚了。从去年开始丈夫就一直央求我换辆车，因为我的车是一辆在英国开了十年有余的“古董车”。每次我开车出去，丈夫总是忍不住担心我会不会出什么事故。我虽然点头同意了换车的要求，但真正到了换车的时候我又开始举棋不定。“等我老了没用了，你难道也要把我扔了？”有时候，我总是用这种质疑的目光盯着我的丈夫。虽然我对自己的无理取闹心知肚明。

比起换车这件事，我更希望丈夫能理解一下隐藏在这件事背后的、我真实的心底感受。那就是有一天当我也如同旧车一般抛锚在路上的时候，希望丈夫不要丢弃我，能够把我送进医院；当我们不能再一起翩翩起舞时，他仍能把我当成可以一起漫步于乡间小路的伴侣。“尽管时间流逝，但对某人来说，我仍想继续做一个有用的人。”好像我的那辆旧车就是如此在我耳边低语的。

当我去意大利看年迈的歌剧演员表演歌剧时，我又忍不住心有所感。老演员们声线老化，表演过程中也是失误连连，我就在心中默默安慰自己说这些都是事先安排好的脚本。在接近高潮高音的时候，我无心欣赏华丽的表演，一直默默祈祷千万不要失误，一定要顺利完成。我觉得一定不会有人要求再来一曲。但是表演一结束，欣喜的意大利观众就连连高呼“再来一曲”。连坐在我身边那位风采奕奕却直打瞌睡的中年男子也揉了揉惺忪的睡眼，鼓起掌来。

后来我才明白这是为什么，原来在意大利，在老演员演出完毕后高呼“再来一曲”的做法，与其说是对其实力的肯定与认可，不如说更多的是出于一种尊敬。年轻的时候，我对这种偏重于形式的待遇很反感，因为那时我有凭借实力也能被人以礼相待的自信。但是上了年纪之后，我发现自信有时候也没那么重要，因此便不再追究、不再挑剔，乖乖接受这个世界对我的优待。

六十九岁的苏是牛津大学舞蹈课上当之无愧的最美老师。她走路的姿态犹如时装模特般优雅。当她跳舞时，所有的视线都会聚焦到她的身上，让舞蹈练习室瞬间变身为T型台。在大厅一角放松紧张的肌肉的我，可谓跟她差了十万八千里。在她的身上找不到丝毫年华老去的遗憾。我既羡慕她，又时不时地忌妒她，既觉得不应该把可望而不可即的她当成榜样，又想要跟她成为朋友。值得庆幸的是苏对我好像很感兴趣。舞蹈课结束之后她走到我的身边，说道：“今天有什么有趣的事儿吗？”她竖起了耳朵，脸上写满了好奇。对比其他身体器官，嘴巴对我来说衰老速度最慢，虽然我的舞蹈实力不足，舞姿也不够优雅，但哄人开心的嘴皮子功夫一直是我的看家绝技。关于衰老这件事，我觉得最先衰老的就是皮肤。

闲聊了几次之后，我跟苏成为了朋友。我们之间没有秘密，任何时候都可以推心置腹。到了我这个年纪，所谓的秘密也没什么重要的了。过去一直耿耿于怀的伤心往事现在也能成为说笑的谈资，让人焦躁不安的事也能在一通大笑之后化为乌有。最后我们毫无保留地翻出那些陈年旧伤与对方分享，时而哭时而笑，一起聊天打发时光。有一天，我终于向她提出了一个略带忌妒之意的问题。

“你看起来这么年轻，有什么秘诀吗？”

“过不了几天我就七十岁了，你这是说的什么话，让别人听见怎么办？”

苏清了清嗓子，笑了一会儿才再次开口说道：

“我的身体和我的心很久以前就老了。我已经滑到了人生的谷底，现在已经无法再下滑了，所以我不再衰老，也不再感觉疼了。”

十一岁开始学跳舞的苏，在十九岁的花季走入了婚姻的殿堂。本该幸福的婚姻生活却遭遇了危机，她患上了抑郁症。那时，她人生中唯一的幸福就是跳舞。但是在她二十七岁那年，上天却夺走了她最后的幸福。她接受了脊椎手术，并被残忍地告知再也不能跳舞了。

经过了几年的彷徨，她重新开始了舞蹈生涯。怀着“人生已经不能变得更糟”的念头，在三十四岁那年，她开始冲击拉丁舞冠军的宝座。每天只睡四个小时、埋头苦练的她最后堂堂正正坐上了冠军的宝座，坚持不懈的练习也帮她找回了健康。要是能让这种幸福一直延续下去该有多好，但是到了我们这个年纪你就会发现，人生不是微型短剧，而是长篇连续剧。在你安心地以为前路会是一片坦途的那个瞬间，你就已经走上了下坡路。苏的第二任丈夫既是她的朋友，又是她的恋人兼舞伴。人到中年的他被查出患有肝部疾病，所剩时日不多。但是他们二人都没有伤心绝望，两个人每天去医院，努力过好珍贵的每一天。

“反正我的人生在二十七岁那年就已经结束了，从此往后的时光对我来说不过是坟墓中的生活罢了。可能因为我怀着这样的心态，反而我每天都过得很享受。”

虽然苏的老公去了天堂，但苏的人生依旧灿烂耀眼。年龄增长带来的好处之一就是在不知不觉中对痛苦的感知变得麻木。就好比是从玻璃进化成钢铁的过程。哪怕是像玻璃一样，稍有不慎就会破碎、需要小心安置的人生，也会随着年龄的增长进化得犹如钢铁般坚强，能若无其事地承受一切小伤小痛，不管面对怎样的痛苦，都有钢铁般的意志力支撑我们渡过难关。人生又好比是从清晨走向日暮。不管何时，清晨总是耀眼的、陌生的。突然升起的旭日将我们从睡梦中唤醒，让我们不知所措。黄昏之时，西斜的太阳落山后升起皎洁朴素的月亮。人生的黄昏就算没有耀眼的太阳也依旧美丽，虽比不上太阳的华丽，但有朴素而灿烂的月亮伴随我们一路继续前行。

上了年纪就会发现，自己开始慢慢熟悉时不时从身体某处传来的各种疼痛。年轻的时候，哪怕只是得了一场感冒也要大肆宣传、大做文章，好像全世界只有自己在生病一样。但是到了如今，若不是有什么严重的病痛，我常常会不露声色地敷衍过去。

我的朋友约翰被检查出患有肺癌，生命留给他的时间只有六个月。他平时滴酒不沾，也从不吸烟，这让我觉得更加痛惜不已。但他自己从不觉得委屈，也不觉得遗憾。在中国，约翰曾是一位前途无量的法官。他的妻子在牛津大学教中文，她希望孩子们回到英国接受教育，约翰因此放弃了他在中国的一切。

定居英国后，他成了一名导游，每天与各种各样的人邂逅，这份工作让他觉得生活充满了乐趣，就在这时他突然被告知自己的人生所剩时日寥寥无几。他说，他也曾胡思乱想过，是不是当初他做法官时曾判下的死刑终于轮到了自己来尝试。但抗癌治疗一结束，他便重新干起了导游。

“病痛改变了我对这个世界的看法与感知方式，再普通不过的日常景色在我眼中也有了新的含义，我想把我眼中的美景介绍给我的游客。”

让人惊讶的是约翰的人生并没有在六个月后终结，如今年逾三载，他依旧好好地活着。医生对此也惊诧不已。面对这一生命的奇迹，约翰一直很淡然。“我已经活下来了，但也不过三年而已，没什么了不起的”，他脸上的表情如是说。如今约翰还是和从前一样，一边寻找英国那些不为人知的美景，一边努力生活。

我的朋友海瑟上了年纪后被检查出患有脊柱炎。但是她一点儿都不担心。相反，她一直在苦恼送一个什么样的礼物来慰劳自己多年来饱受折磨的身体。经过深思熟虑，她最终选择了瑜伽。学习了瑜伽之后，她的身体比以前更加健康了，后来她还拿到了瑜伽资格证，成为一名瑜伽教练。

“世界上哪有不生病的人？我也只不过是众多病人中的一个而已。”

她并不把自己的病放在心上。年轻的时候，我们都想成为“唯一”（only one），都想被万众瞩目。但是，随着年龄的增长，我们不再介意自己是否会被关注，更多地是想“有人陪伴”（with you）。在与别人共处的过程中，寻找自己存在的理由。这个世界要求我们共存共生，而不是独活。

爬完了上坡路，接下来自然就是下坡路。有的人无法接受在岔路口上只能选择往低处走的事实，他们觉得无法再向上攀登的自己很落魄、很颓废。但他们并不知道，正是这种错觉让他们在下坡路上走得更快。与此相反，有的人享受走下坡路的过程。他们慢慢地向下走，一路上欣赏那些被忽略的风景，享受片刻的闲暇。中途停下来擦擦汗，回味一下过去的时光。于是就这样在悠闲中找到了气喘吁吁、一路狂奔时未曾发现的生活的秘密，那就是收获“幸福”。

有时，我们对人生的目的地存在一种误判。年轻的时候以为登上顶峰就拥有了一切。但是人生的目的地并不在最高处，登顶之后，人生还是需要继续往前走，而且从此以后的路大部分都是下坡路。只有可以享受走下坡路的人，才是拥有精彩人生的人。

最近，我迷上了跟我同龄的歌手赵容弼。他给现如今走在人生下坡路上的人们以莫大的安慰。对于上了年纪的人来说，不管活得精彩还是糟糕，走到今天都是有理由的。垂暮之年的人总是强调这样一个现实：光环是属于过去的，还是忘了吧，所剩无几的余生也只能是黑白的了。但是我想说这并不是现实，我想像歌手“赵容弼哥哥”一样，活得精彩，活得快活。比起花朵的芬芳，有时无名野草的朴实更显美丽，我们也是一样，随着年龄的增长，每个人都有自己的专属魅力。就像对每个人来说人生只有一次一样，年华老去这件事生平也只能经历一回。

与青春年少一样，年岁阅历也是一种人生的馈赠。将这些漫长的人生时光凝结成色彩斑斓的回忆宝石，这难道不是一个有趣的游戏吗？我希望我的身边像“赵容弼哥哥”一样的人可以越来越多，他们不再将余生拘泥于黑白两色，而是用彩虹般绚烂的色彩来渲染余生。

那辆陪了我十年的旧车最终被报废处理了。因为修理工对我说与其花钱修理，不如用修理费重新买一台二手车。

送走了我的旧车，过去十年的回忆在我的脑海中一一闪过，我对那台旧车的感激之情也随之油然而生。突然我又领悟到了一点，那就是随着年龄的增长，我们对越来越多的东西心存感恩，而感恩的心也变得越发深沉。只要还有一颗感恩的心，我们就还能找回那些随着年岁增长而遗失的美好。感恩过去，感恩现在，相信即将到来的明天是生命给予我们最好的祝福。

怀着这样的心态，今天的我也勇敢地走在变老的路上。

如果可以稍作休息再启程

让我们尽情读书，让我们尽兴舞蹈，这样的两件美事永远不会有害于这个世界。

——伏尔泰

“汤姆，吃完饭也去走走吧，看看你都要钻到屏幕里去了。”

“Sunny，事儿做到一半儿我就去吃饭的话，容易注意力不集中。没事儿的，你先别管我。”

“OK！”

在英国工作，有一点跟在韩国不同。在韩国，就算今天有重要的会议，人们也会额外留出吃饭的时间。虽然有的公司也会在开会时吃点儿零食充饥，但倘若当天的工作很辛苦，人们总会倾向于去寻找好消化且有助于恢复元气的食物。与此相反，在英国，倘若有紧急、重要的案子要处理，无论职级高低，公司上下都是一边开会一边吃着事前准备好的三明治。这种差异不仅仅存在于有重要会议的场合，大家平时工作的风格也截然不同。跟员工强调说吃完饭再干，甚至把饭卡塞给他们，他们有时也不会去吃饭。大多数人的想法是集中精力完成今天的工作，按时下班。想在有限的时间里完成工作，有时就不得不忽略午餐，或者只能吃个三明治充饥。

学校里面的情形跟公司里差不多。在牛津大学，每周四都会在贝利奥尔学院（Balliol College）召开午餐研讨会，这是最受本科生欢迎的课程了。其别名是“三明治研讨会”，因为学生们都会提前准备三明治，在面包里塞上满满的奶酪、蔬菜及水果，然后他们坐在自己的位置上，一边吃着自制的三明治，一边开始讨论。前三十分钟，一般都是由知名人士或者教授发言，后三十分钟，就是气氛热烈的讨论时间。因为在场的教授与学生所钻研的领域不同，讨论会的气氛变得格外火热。

跟韩国年轻人接触多了会发现他们普遍存在一种错觉，觉得外资企业通常不怎么加班。但是，事实却并非如此。虽然每个项目特点不同，但周末来公司加班的事儿也是屡见不鲜的。我负责的“牛津之声”也是如此，我们的工作人员较少，从邀请讲师到录影、剪辑，再到推广宣传，所有的流程都要严格按照精确的日程来执行。我们的运营模式就好像是一个小型的广播电视台，自然十分忙碌。英国人十分重视休假。为了给自己充电，去哪儿休假成了人们最关心的话题。休假中恢复的元气成为重新投入工作的动力，另外，人们也能在休假中获得克服困难的勇气。

努力完成自己设定的目标，很多人对此很擅长，不，应该说对此近乎狂热。但在缓解自身压力或治愈自身伤痛方面却既生疏又笨拙。不管生活多忙碌，我们总是需要寻找一些东西，借以慰藉人生。这些东西可能不够华丽，但只要不是姗姗来迟就好。坦白地讲，上了年纪之后再想去寻找全新的方式慰藉人生，真的不是一件容易的事儿。

每次说起这样的话，我总会想起一个人，那就是昂山素季女士。她虽然立志要过平凡的生活，却不得不继承父亲的遗志，投身于缅甸的民主化运动。因此她被军政府软禁于其寓所中长达十四年之久，饱受苦楚。她艰辛的人生是我这种平凡人无法想象的，如果有机会见到她，我想跟她说几句安慰的话。可未料想机会很快就来了，2012 年，在牛津大学名誉博士学位授予仪式上，我见到了她。

她的面孔纯净明朗，看不出一丝阴郁。那些人生中的苦难，她究竟如何度过，才能不在脸上留下一丝痕迹？采访昂山素季女士的是牛津大学的副校长尼克·罗林斯（Nick Rawlins），他好像猜中了我的心思一样，提出的问题正是我心中所想。昂山素季回答说人之所以会觉得痛苦，是因为人们常常主观地放大痛苦。她说每当她觉得苦痛难耐时，总会想起过去的美好时光，那些身为人妻、人母，在牛津大学度过的幸福时光，那些在图书馆里读书时却时不时憧憬窗外世界的时光，那些在草坪上与朋友们嬉笑打闹、畅谈人生的时光……她说她觉得痛苦时也会弹钢琴，在乐曲中忘记这个世界给她带来的苦痛与伤害。

虽然我的人生不像昂山素季一样充满艰辛，但是我也有我特有的方式来缓解压力与痛苦，那就是跳舞。在英国，当你切换电视频道的时候，总是能看到跟舞蹈相关的电视节目，英国人就是如此热爱舞蹈。在牛津大学也有舞蹈狂欢节，可以说舞蹈就是一种日常文化。刚开始的时候，我只能满心羡慕地在一旁默默欣赏别人的表演，想着我何时才能拥有如此优雅的舞姿。后来，一个偶然的机会，我交了十英镑的会员费，加入了牛津大学的舞蹈社。从此，我的灵魂开始翩翩起舞。当然，我的舞蹈学习生涯一开始也是手忙脚乱，只能靠偷看别人的动作才能勉强跟上节拍。

不管是本科生、研究生还是教授都可以参加舞蹈社，舞蹈社的指导教练是一位年近七十岁的老师。这位传说级的舞蹈老师，舞步精美绝伦，很多女学生抛弃自己年轻帅气的男舞伴只为与他共舞。在教学的过程中，他热情饱满，讲到重点之处偶尔也会唾沫横飞，尽管如此，社团里的女成员们依然排着队，只求与他共舞一曲。当然，我也不例外。其实，在牛津大学里我认识不少上了年纪的舞者：大卫，他曾经是一位足球运动员，后来迷上了舞蹈，还获得过拉丁舞世界冠军；布鲁斯，古稀之年仍旧热衷于舞蹈教学；海瑟，她半辈子的人生都是顶着声乐家的头衔度过的，如今她把更多的精力与热情投入到了舞蹈中。他们是一群热情始终未被磨灭的、了不起的朋友。我还认识一位朋友，名叫马克，在他九十二岁高龄的母亲去世以后，他患上了抑郁症。依靠药物治疗，他勉强坚持了下来，也就是在那时，他接触到了舞蹈。如今他过得快活潇洒，很难有人相信他曾经是一位抑郁症患者。

受到这些朋友的感染，我也参加了舞蹈比赛。刚开始的时候我一直怀疑自己是否能跟上节拍，一心只求能顺利地完成表演。我一遍又一遍地反复练习，最后我获得了铜牌。得到奖牌之后，我信心倍增，继续挑战的欲望也油然而生。后来我获得了银牌，但由于练习强度过大，身体吃不消，我的尾骨受了伤，面对各种出于关心的指责与批评，我也曾有过迟疑，但是不管是什么，最终都没能阻止痴迷于舞蹈的我。2013 年 10 月，我下定决心挑战最后一次，并为自己树立了一定要获得金牌的目标。这可以说是我有生以来为自己树立的第一个明确的目标了。但是在比赛之前我却突然失去了信心，我所担心的是上了年纪的我是不是在盲目挑战。本来我学跳舞是为了缓解压力，为什么如今在这件事上我也要争强好胜？我不禁暗暗摇头。那时我的舞蹈讲师是一位波兰人，他叫安德烈亚，我向他诉说了我心中的苦恼。

“我真心为你感到骄傲，哪怕你在这里止步不前、选择放弃。”

他本来是在安慰我，可说着说着自己却热泪盈眶。他说他刚到英国的时候，只能做清洁工和超市里的小时工，每天赚点儿小钱勉强维持生计，是舞蹈还有远在波兰的母亲给了他继续坚持的理由。他说他的母亲虽然过着捉襟见肘的生活，却仍常常独自一人跳舞，他看着母亲的背影，渐渐萌生出成为舞蹈家的梦想。最后他的母亲因为癌症去世，母亲的舞蹈梦想也只能永远遗憾地埋在她的心底。安德烈亚在牛津及北安普顿拥有两家舞蹈工作室，一直积极参与各种与癌症相关的捐赠及公益活动。如今，当他穿上黑色的舞蹈衣开始跳舞时，脑海中浮现出的仍旧是母亲的音容笑貌。

“母亲教导我的人生哲学只有两条，第一是happiness，第二是szczescie。”

Szczescie是波兰语，其含义是幸福。

“我希望对Sunny来说，重要的不是金牌，而是站在舞台上，可以使你更幸福。以后每当你想起站在舞台上的那个瞬间，都能体会到幸福，我就满足了。”

直到他对我说完这番话，我才开始正视这个舞台。不知不觉，我就要到花甲之年了，人生的路我已经走了那么长，只不过是登台表演一下而已，有什么值得苦恼的？啊，对了，我跟我的孙子还有一个约定呢，我们说好了以后我要在舞台上做他的舞伴。

多亏了安德烈亚的鼓励，最终我获得了华尔兹、快步舞、探戈、狐步舞四个项目的金牌。这些金牌不仅饱含着我的热切期待，也凝结着我的辛勤汗水，给我带来了难以言喻的欣喜与幸福。但是，后来我发现对我来说登上舞台这件事其实比金牌更重要。人生也是如此，不管在舞台上表现得如何，登台表演本身就是十分宝贵的人生经历。我们每个人都各自过着激情洋溢的人生，因此讨论人生这场戏最终是幸福收场还是悲伤落幕都是毫无意义的。我们需要做的事情不是自责，也不是担忧，而是给自己以鼓励。

走下舞台，看着镜子里的自己，我觉得现在是时候对自己说出这句话了。

“你是真的用心努力过了。”

我想起了在梅村禅修道场（Plum Village）遇到的释一行禅师说过的话。

“微笑吧，在每天清晨！微笑吧，哪怕身受苦楚！就这样，学会一直保持微笑。”

没错，每天清晨醒来时对着镜子里的自己笑一笑，说几句鼓励的话吧！

“辛苦了，我的人生！以后还请多多关照！”

没有解不开的结

不知不觉中系上的结，会自然而然地解开。不要费尽心思地去打结，也不要绞尽脑汁地尝试去解结。

——禅师许虚堂

我们不是活在过去，也不是活在未来，而是活在当下。然而，既让人觉得神奇，又让人觉得费解的是，很多事情虽然发生在今天，但很多时候只有事过境迁时才能体会到其中的意义。今天的我们很难断言今日的判断和行动会对今后的人生造成怎样的影响。如果说我们的意志可以左右人生的走向，那么我们大可以去构想人生，但事实上人生中的事大都是不可预知的，构想人生实在太难了。所以很多人在数不尽的人生岔路口上做出了错误的选择，并因此而悔恨不已。面对这种情形，我有一个常用的办法，那就是说服自己相信若是做了其他的选择，现在的情况只会更糟。

虽然我在所有人面前表现得若无其事，其实在写论文的过程中我经历了很多困难。现在想来，大概有一年多的时间，除了睡觉以外，我把所有的热情、精力以及体力全部都投入到了论文写作中。虽说看起来好像我每天只是机械般往返于图书馆与宿舍之间，可我每天所经历的纠结与折磨又有谁知道呢？就好比是远远望去波澜不惊的海面，其实暗潮汹涌一样，那时候的日常生活对我来说就是连续不断的苦难与折磨。

论文选题是我需要面对的第一道难关。在准备论文的过程中，我和清华大学的教授潘虹成了朋友。她在中国的学术界颇有地位，是一位了不起的学者。尽管如此，她却并不满足，怀揣着对学习的热忱，来到牛津大学进修。她虽然比我小十几岁，但是我们却一见如故，好像我在交朋友方面总是比学习更有天赋。潘虹时常担心远在中国的女儿。是啊，离开家人，背井离乡来到英国学习，怎么可能是一件容易的事呢？可能是因为过于思念女儿，潘虹与其他同学并不亲近。她的目标就是以最短的时间通过论文审核，早日回到女儿身边。

我特别能够理解她的心情，因为在我的两个孩子尚且年幼的时候，我也曾把他们送到异国他乡去留学。我很想陪她说说话，就算无法给她带来大的安慰，至少可以帮她恢复笑容。值得庆幸的是潘虹对我比对其他人更亲近、自然一些，她也常常与我推心置腹，畅谈心里话。我也在与她交往的过程中，发现了她过人的学识与高尚的品德。针对我的研究课题，她总是真心诚意地给出各种意见和建议，展示出中国一流学者的风范。

最开始我所考虑的论文选题是有关“心脏”的隐喻性表述。因为我丈夫是心脏生理学教授，因此我有一些与此相关的知识储备，我觉得这对我的论文写作会有所帮助。

另外，通过丈夫，我认识了很多这一领域的世界知名学者，我也期待着在论文写作的过程中，他们可以给予我帮助。基于这些理由，很早之前，我就开始收集、整理相关的资料了。

但是命运跟我开了一个玩笑，意想不到的事情发生了。那就是潘虹所准备的论文选题与我的竟然是一致的。指导教授的意思是你们两个选题重复怎么办，总不能大家都研究一个课题吧，还是竞争决定吧。我的苦恼日益加深，心中只有一个期待，那就是潘虹能够换一个选题。可是潘虹却主动找到我，跟我说她不能更换选题，请我谅解。我知道从一开始她就没有要与我竞争并以此来决一胜负的念头，如今面对着满心愧疚跟我道歉的朋友，我又怎么能够发火呢？

“怎么办？我要代表韩国与中国的学者一战论高下吗？说不定可以借此机会展示一下韩国的实力。但是，我真的能赢吗？或许会输得很惨吧！不，还没发生呢，又有谁知道结果呢？说不定是我给她致命的一击呢。”

说不定我们两个的论文都通过了，可以互相为对方鼓掌祝贺。但是，牛津不是如此随便的大学，绝不会让两篇选题一致的论文同时通过审核。那么，我要换一个选题吗？事到如今我应该去哪儿找合适的选题呢？

站在选择的十字路口，最明智的判断就是谋求共存。没错，就让我积极面对吧。“与好朋友相争，这件事我本来就不会做。如今是不幸中的万幸，如果我和潘虹不是朋友，如果我们定了同样的选题而不得不为此厮杀，最后我一定会输得很惨。从某种意义上来说，如今的我也是幸运的。这样我们两个就都不用为此发愁了。”

我下定决心，不管是为了她还是为了我自己，我都必须确立一个新的选题。另外，我也下定决心把我这段时间以来收集整理的所有资料都送给她。从那天开始，我就埋头于分析韩国及英国的新闻，寻找新的选题。虽然历时弥久，过程艰辛，最后我的论文选题定为：关于“骨”与“血”的隐喻性表述。

“你的研究方向不是心脏吗？”

对于提出这一异议的丈夫，我向其说明了其间发生的种种状况。丈夫称赞我做得对，但他的称赞却不是因为我愿意退让的大度。

“心脏是一个让医学专家都头疼不已的复杂领域，不管那位中国教授是否了解这一情况，她都要因为论文而吃些苦头啦。”

丈夫的担心最后应验了。潘虹比任何人都要更加努力，可是论文始终没有什么进展。指导教授不得不每天花费大量的时间与她一起研讨方向与对策，我就好像被忽视了一样，指导教授对此也深感抱歉。在一年之后的第一轮论文审核中，潘虹的论文被驳回，对她来说一切都需要从头开始。这是她生平第一次在学习上栽跟头。

“我是一个失败者，我要收拾行李回国了。”

我的心中五味杂陈，既心疼又抱歉，我只能紧紧抱住痛哭不止的她。但是，作为一个成熟的学者，她很快振作起来，把眼泪当成是人生的一种见证。最优秀的教授也会经历惨败，回国之后，她可以跟自己的学生们分享这样的经历，这未尝不是一种收获，就这样，她很快就调整好了自己的心态。最后，她比我更早地通过了最终的论文审核。

在她回国的那天，她把自己珍藏的资料都送给了我，叮嘱我一定要加油。尽管为了整理回国的行李，潘虹忙得焦头烂额，但是为了鼓励我，她特意为我做了一顿丰盛可口的中餐，这让我感动不已。现在我与潘虹仍旧很亲密，每次我去中国都会去她们家坐一坐，享受一段惬意的重逢时光。

最后，我历经千辛万苦终于通过了论文审核。我在韩国的《中央日报》及英国的《卫报》网站上收集了五千多条例文，对一千五百条隐喻性表述进行了比较和分析。这不仅仅是我个人的努力成果，也得益于韩国媒体及韩国大学里朋友们的帮助。丈夫仍旧例行公事一般说我这段时间辛苦了，并高度肯定了我痛下决心努力学习的表现。他还慷慨激昂地说为表庆祝，他会飞来英国陪我。

但是，我所谓的论文完成并不是最后的通过。两天以后，我将自己引以为傲的论文打印装订成册，拿去送给指导教授审阅。在教授办公室墙上的镜子中，我看到了自己因为褐斑与黑眼圈而让人不忍直视的脸。“啊，是不是现在终于可以从论文中解放啦！”

指导教授面露微笑，问道："写论文的过程还算有趣吧？"

"啊，这令人发指的论文啊，我终于解脱了！"但是与他脸上流露出的微笑不同，他的行为让我费解。看到一半，他突然拿出了红笔，在我的论文上写个不停。

"嗯，不过是简单的修改而已，这很正常嘛！"

"写得非常不错！"这是指导教授给出的最终评价。

太好了，我的脑海中已经开始构想自己与丈夫一起庆祝的画面了。

"但是，如果将近期的情况也反映到论文中稍作修改的话就更完美了……绪论的部分再修改一下，你觉得如何？"

指导教授的话犹如晴天霹雳。所以说最后的结论不只是赞扬这么简单啊。

"Sunny，如果想要到此为止的话，也是可以通过的。但是……"

在论文中，所谓的绪论就是简单概括本篇论文的研究课题是什么，是如何开展研究的。因为绪论直接关系到与本论和结论的衔接问题，写作时是最耗费时间和精力的。修改绪论就意味着本论和结论也需要做相应的调整。也就是说这个改动不是一天或者一个月内就可以轻松搞定的。就这样，我又一次站在了选择的十字路口上。就此止步不前的话，可能会留下永远的遗憾，但是选择修改的话，前路的艰辛也是可想而知的。指导教授将选择的权利丢给了我，挂着一脸的微笑，暂时离开了座位。而就在这时我收到了丈夫的短信，他说为了庆祝我的论文通过，他已经到英国了。我到底该怎么办呀？经过一番激烈的思想斗争，我给丈夫回了短信息。

“我们还是下次再庆祝吧，等到论文最终通过再说。”

“妈，这个周六你有时间吗？”

比起写论文，修改论文的过程更加艰辛。虽然较之从前，我翻阅了更多的文献与书籍，但是脑海里始终没有清晰的思路。只是一味地啃书，书中的内容却不能给我带来任何灵感。我丝毫没有胃口，连续几天只是喝了点儿水而已。“我都一把年纪了，为什么要受这样的折磨？孩子们都长大了，这个年纪的我不是应该高高兴兴地到处去旅游吗？现在的我究竟是在干什么？就这么算了吧！”这种想法不知道在我的脑海中出现过多少次。就在我被折磨得身心俱疲、心如死灰的某一天，我接到了女儿的电话。

“这周我不是过生日吗？为了庆祝我到了而立之年，我打算开个派对，妈，你肯定会来的，是吧？”

“唉，女儿要过人生中第三十个生日了，而年逾半百的妈妈却在修改论文。难道是让我过去帮忙张罗、布置派对现场吗？我现在可没有时间，我得改我的论文。”

我甚至觉得有点儿失落：本来妈妈就被论文折磨得筋疲力尽了，作为女儿不来关心妈妈也就罢了，反而一心只想着自己的生日。

“您就一直坐在桌子前，难道论文就有进展了？不如出来痛痛快快玩一场，再回去修改也不迟啊！”

真是饱汉子不知饿汉子饥啊，不过这确实是一个不错的诱惑。其实，从很早之前，我就想去痛痛快快地玩一场了。我又一次站在了选择的路口，但较之从前，这次我却很快做出了决定。“虽然现在很忙，可你是我唯一的女儿，你过生日我应该当面祝贺才对……”就这样，我答应女儿一定会去参加她的派对。女儿听完我的话，笑着说道：“妈，我会跟大家介绍说你是我的姐姐，如果大家知道你是我妈，说不定都吓跑了呢！”

“我在牛津认识的朋友们，可都比你年轻多了。”

我马上把那件我胡乱塞在柜子里的礼服翻了出来。这是很久之前我在东大门市场买的，但是一直没有机会穿。是啊，论文的话总是能搞定的吧！想到这里，我突然觉得脸上的褐斑还有黑眼圈都在消散。果然，学习才是容颜保养的天敌啊。

在英国，三十岁生日的派对一般都会很盛大。女儿计划办一个假面舞会，邀请世界各国的朋友来参加。刚开始我也纠结要不要去参加。不管怎么说，我也一大把年纪了，我去的话真的没问题吗？但是转念一想，不是假面舞会吗？“反正也没有人知道我是谁，我就痛痛快快地玩一场，缓解一下压力吧。但我一定一定不能摘掉面具。”

我来到了派对现场，欢快地跳起了久违的舞蹈。邀请我跳舞的男士越来越多，连女儿的男朋友麦克的朋友们也围了上来。论文的压力早就被我抛到了九霄云外。我竟然为了论文舍弃了如此多的美好，果然，比起学霸我更适合做派对女王。

当然，直到后来我才知道来参加派对的人都知道我是女儿的妈妈。女儿跟大家说我的主修专业是狂欢，辅修专业才是学习。当天的派对直到凌晨四点才散场。那时我突然明白拼命往前冲固然重要，但是相信自己的选择，偶尔停下来走走“弯路”的勇气也是十分必要的。

站在选择的十字路口会让我们陷入焦躁与不安，因为我们都害怕做出错误的选择和判断。人活一辈子，有时难免会判断失误。可就算如此，人生之路也不会因此而结束。就算你做了错误的选择，人生的明天还是会一如既往地如约而至。痛苦的时候也是一样的道理，这个世界上没有解不开的结。如果有的结直到最后也难以解开，全部剪断就好了。相信自己的选择并竭尽全力去努力，人生就能过得精彩。信任自己可以说是对人生的最高礼遇。

女儿的提议，让我恢复了元气，重新投身于论文的汪洋大海之中。反正我已经做出了修改的选择，这件事也总有一天会结束，那么就让我全心全意再试一次吧。怀着这样的心态，我又一次开始了与论文的“厮杀”。当然，指导教授的折磨仍旧接踵而至，我与韩国朋友讨论论文的时间也越来越长。就这样又经历了六个月的漫长时光，我终于同丈夫一起开了派对，以此来庆祝论文审核的通过。现如今，女儿也时常把她朋友发给她的短信拿给我看。

“这次派对，邀请你主修狂欢的妈妈来参加，你觉得如何？”

在这个世界上，好之者多于知之者

每遇到一个人，都能从他身上学到东西的人，才是这个世界上最聪慧贤明的人。

——《塔木德》

对我们来说，学校意味着什么呢？在人生这段漫长的旅程中，学生时代又有多重要呢？如果我没有在五十岁的时候重返校园，我也许不会提出这样的问题。

年轻的时候，学校对我来说不过是进入社会的前哨站，是一个了解世界的过渡时期。我坚信人生真正的胜负取决于毕业以后。或许学校可以称为“人生的实战演习场”，在真正开始决一胜负之前，训练体能，反复练习。在学校里度过的时光总是觉得很漫长，虽然学了很多东西，但既没有真正掌握的实感，也没有投入实战、大展拳脚的机会，只能让我备感郁闷。

但对如今年逾半百的我来说，学校有着另外一层含义，它不再是奔赴未来的必经之路，而是给我带来求知乐趣的地方。我对于学习新知识不再恐惧，取而代之的是满心期待。每天都能切身感受到学习是一件多么幸福的事，学习给我带来感动，学习让我忍不住赞叹连连。我完全不在意我所学到的东西是否有用，因为仅仅是学习这件事就已经让我足够幸福。

刚开始我很担心如何在年轻人的夹缝中生存并取得最后的胜利，但从结果来看，比起激烈的竞争，我收获了更为可贵的友谊，我也学会了如何享受学习这一过程。年少时的学生时代，我一心只专注于修学分，如今想来常常觉得羞愧。每当看到年轻的朋友们像三十年前的我一样守在书桌前，我总是忍不住上前提醒他们要珍惜现在的美好时光。

之前学习的时候只有一个想法，那就是竭尽所能学到更多的东西。那时候所谓的学习就是比其他人更快、更透彻地理解和掌握老师或教授讲述的内容。有弄不懂的知识，也未曾想过去找教授答疑解惑。“一定要去吗？”“以后再说吧！”总是以此为借口，把所有的疑问都搁置下来。但是，在牛津大学重返学生时代，我的字典里再也没有“以后”这个词。我的一把年纪不允许我再搁置疑问，遇到不明白的问题，我总是第一时间去找教授寻求帮助。就这样，我渐渐体会到了与教授们并肩学习的快乐，同时我也切身体会到了那些高居象牙塔顶、看起来可望而不可即的“精英们”是一群多么真实且温暖的人。

现在回想起来，在进入牛津大学进修之前，我一直处在久未充电的状态。有二十余年的时间，我一直以教英语为生，做专业的职场英语培训，负责英语教师的进修，在多所大学执教，也曾参与过电视台的英语教育节目录制，但随着时间的流逝，我越来越感受到自身存在的局限性。我开始自我反省，“我难道不是一直在坐吃山空吗？”“我难道不是一直在反复使用那些过去学会的知识吗？”我一直在消耗着自己的知识储备，却未及时充电，因此我才感受到了自身的局限性。虽然我也意识到自己应该学点儿什么，可是却迟迟鼓不起勇气。就在纠结的过程中，我进入了牛津大学。长久以来郁结在我心中的死结，终于犹如海边的流沙一般消失不见了。

经历了四年半的漫长时光，我终于毕业了。我重返韩国，回归原来的身份。但是“授人以鱼”的概念总是让我联想到之前“坐吃山空”的状态，让我的心中始终怀有一丝恐惧。不管怎么说，我不想离开校园这座象牙塔，而牛津大学在不知不觉中已经成为我心灵的归宿。值得庆幸的是，每当牛津大学有涉及韩国的业务时，总会找到我。在这种时候，我总是有一种回归故乡的感觉。

回到韩国后，在很长的一段时间内，我把工作重心转移到了电视台上。我参与了EBS《最强教授》、SBS《生命的奇迹》、KBS《周日特辑》及《挑战地球探险队》等电视节目的录制。以此为契机，很多人若有与英国相关的事，也会自然而然地找到我，没有什么是我不能应付的。我带着他们访问英国、访问牛津大学。重返牛津大学的校园，我的心中再次升腾起重新成为学生的欲望。准确地说，我希望一直做一名学生，保持充电的状态，学习更多的知识。

那是在2008年的秋天吧，我有幸与牛津大学最优秀的学者比尔·达顿（Bill Dutton）及D.诺布尔（Denis Noble）共同进餐。席间我们谈笑风生，不经意间我便表露了我的心声。

“为什么所有的大学都一样，从来不考虑知识的共享呢？”

两位教授露出疑惑不解的神情，不约而同地望向我。

“就连牛津大学也是一样。要是能把在牛津大学学到的知识分享给更多的人就好了。”

值得庆幸的是，两位教授十分认真地倾听了我的心声。优秀的听众成就优秀的演讲者，我开始一个人滔滔不绝地讲起了我的计划。

“要是能有一个媒体，把牛津大学学者们的知识和见解传播出去就好了。比起文字资料，我觉得视频更好，互联网不就是个使用便利的传播媒介吗？”

如果可以通过互联网以视频的形式将学术前沿阵地的第一手资讯传递出去，是不是可以为更多的人提供一个学习的机会？我很想劝他们试一试，为了那些像我一样求知若渴的人。

有的时候，事情总是会朝着意料之外的方向发展。诺布尔教授听罢我的话后，率先开口说道：“这件事 Sunny 试着做一下，怎么样？你不正好有在电视台工作的经验吗？”

没错，从 1987 年到 1993 年，我曾在 EBS TV 主持“BBC 英语”这档栏目。这是非常宝贵的人生经历，但是那时的我年幼青涩、不谙世事，留下了不少遗憾。那时候我还在西江大学教英语，每天从清晨六点一直忙活到第二天凌晨一点，可还是觉得时间不够用。每隔两个月，就需要把节目播放过的内容制作成教材，每当这个时候出版社的工作人员都不得不将办公地点转移到我家的客厅，以便随时处理突发情况。诺布尔教授的话让我再次回想起那段艰辛的时光。我心里清楚，比起我，应该找更专业的人来做这件事，但是我的致命弱点却让我接受了诺布尔教授的提议——我这个人在诱惑面前向来没有自制力。

“我们一定会尽全力支持你的，Sunny不妨试一试吧！”

新事物总是应需而生。在两位教授答应担任责任编辑的条件下，我开始策划这个我人生中规模最大的项目。在经过了多次会议探讨之后，“牛津之声”这个名字应运而生。

因为计划确立得很突然，导致我们当时人手紧缺。我第一个想到的人就是伊恩。那时候我为了准备论文，每天凌晨都准时前往图书馆，我就是在去图书馆的路上认识了他。那天，我独自一人小心翼翼地走在空无一人、光线昏暗的路上，一个身形修长的男孩突然蹿了出来。我吓了一跳，不禁喊出声来，他也被我吓得脸色铁青，连连后退。就这样，我们相识并成了朋友。他之前在牛津大学攻读地理学专业，为了能够继续学习，他把家搬到了学校附近。

很多牛津大学的毕业生都不愿意离开学校。有一个朋友从牛津大学研究生院毕业之后，回到自己所属的学院当管理员，当被问及为什么不愿意离开校园时，他给出了一个特别的理由：在学校里可以尽情阅览感兴趣的书，在学校里可以享受思考带来的快乐。马修也一样，他毕业以后成为了圣安德鲁斯大学（University of St Andrews）英语系的教授，但工作了一段时间之后，马修决定重返牛津校园。“我想在牛津的图书馆里研读我喜欢的书，我想继续专心致志地学习”，这就是他重返校园的原因。对他们来说，牛津大学就是他们精神上的故乡。或许毕业以后，对牛津图书馆无法割舍的迷恋，也是大家想要回到牛津的理由之一。

伊恩的父亲有自己的演播工作室，他小时候跟着父亲学了一些广播系统的操作。对于运营“牛津之声”来说，伊恩绝对是不可或缺的好帮手。可工作室创立伊始，我们连一间像样的办公室都没有。虽然如今我们跟别人共用一间办公室，但由于工作性质不同，不可避免地会互相干扰，工作的推进可谓困难重重。无可奈何之下，我和伊恩不得不把办公地点转移到了我的家里。可能是伊恩总与我一同吃饭的缘故，不知不觉间他成了韩国美食的忠实拥趸。连我的儿子也开玩笑说我给伊恩做的饭比给他做过的还要多。

比尔·达顿教授当时担任牛津大学互联网研究所所长，

他亲力亲为，处理了与“牛津之声”成立相关的法务事宜。另外，我们还确立了几项运营原则，其中最重要的一条就是采访者不能是相关领域的专家。举个例子来说，如果本期的选题是医学专家的采访，那么采访者就要在经济或人文领域内选择。之所以这样决定，一方面是考虑到大众性，更为重要的是追求学科间的融会贯通与广泛涉猎。毫不夸张地说，英国的学术研究就是始于学科间的融会贯通与广泛涉猎。

英国的学生在高中阶段既要学习文科课程，也要学习理科课程，就算上了大学，课程安排中，文科与理科也是并存的。以牛津大学的本科课程为例，PPP 课程包括生理学、心理学及哲学，PPE 课程包括哲学、政治学及经济学，PP 课程则包括物理学和哲学。除此之外还有很多其他的课程，但其共同特点就是既要学习自然科学，也要学习人文科学。在研究生学院，也有很多学生同时研读物理与哲学。

当我们把基本设施配置齐全后，又开始为内容发愁。虽然一切开始运转了，但是我们现在是从零做起，真的会有人欣然接受我们的采访吗？况且以我们现在的状况，根本无法支付任何经济报酬。但与我们担心的状况不同，首期节目还没有跟观众见面，关于“牛津之声”的各种消息就已经在学生中间传得沸沸扬扬了。他们主动向我们推荐自己想见的人。其中呼声最高的就是我在牛津读书时所属的埃克塞特学院（《魔戒》的作者约翰·罗纳德·瑞尔·托尔金也曾在本院就读）的院长法兰西丝·凯恩克罗丝（Frances Cairncross）。“好吧，那就试着邀请一下她吧！”

院长法兰西丝·凯恩克罗丝愉快地接受了我们的邀请，于是她成为“牛津之声”的首位嘉宾。另外，她也向其他教授极力推荐“牛津之声”。虽然花费了不少时间，但是好在一切都进展顺利。再后来，我们搬到了贝利奥尔学院（Balliol College）的办公室办公，要知道这个办公室连牛津大学的教授们都无法随意使用。由我们四个人创建的“牛津之声”不知不觉间已经拥有了十五名成员。牛津大学经营管理学院的院长科林·迈尔（Colin Mayer）教授、现任医学院副院长大卫·彼得森（David Petersen）教授等一些知名学者也客串了我们节目的责任编辑。我们的嘉宾阵容也随之更为华丽、震撼。世界知名科学家理查德·道金斯（Richard Dawkins）、牛津大学校监及英国广播公司管治机构BBC信托主席彭定康（Christopher Francis Patten）、剑桥大学名誉校长大卫·塞恩斯伯里（David Sainsbury）、从2008年开始连任伦敦市长的鲍里斯·约翰逊（Boris Johnson）、诺贝尔经济学奖获得者费尔普斯(Edmund S.Phelps)教授，这些大名鼎鼎的人物都是我们的座上宾。

与“台上一分钟，台下十年功”的道理相同，“牛津之声”的日常工作可谓是充满了各种挑战。这个项目从一开始就不是十五个人可以胜任的。每次做节目我们都深感体力与能力的不足，“怎样才能把更精彩的内容呈现给观众”，为了攻克这个难题，我们只能夜以继日、马不停蹄地工作。尽管困难重重、遗憾多多，但是一种强烈的使命感使得我们无法放弃这份工作。把我们收获的知识与感动分享给这个世界，正是这种信念和追求支撑着年过花甲的我，即使每天的日程安排紧张到没有一丝闲暇，我也从未却步。

一直以来，我都相信知识和智慧是可以积累的。但通过“牛津之声”，我开始意识到知识和智慧是需要分享的。有一位教授说，他作为嘉宾参与了“牛津之声”的录制，节目播出后，他收到了来自新西兰及非洲的两封来信，信中说感谢教授使他们重新认识了自己。我去中国的时候，香港的大学生们也曾对我表示过感谢。以知识为媒介，我们开始与全世界的人沟通。其中，一位十二岁的英国小男孩寄来的信至今让我记忆犹新。这个小男孩名叫古斯塔夫。古斯塔夫在“牛津之声”的主页上看了采访伦敦市长鲍里斯·约翰逊的那期节目，看完之后他参观了贝利奥尔学院，并写了一首名为《牛津之狮》（*A Lion at Oxford*）的小诗。诗的主要内容是说有一头狮子出现在牛津大学，它进入贝利奥尔学院学习，最后成为首相，整首诗充满了丰富的想象力。我邀请他听讲座并参加每周三举行的研讨会。这位七岁就开始写诗的天才少年后来跟我说，通过“牛津之声”他接触到了很多知名人士，非常有助于提升他的创作与想象能力。

不断学习，让人生的旅程更加妙趣横生。拥有智慧，人生路上幸运才会伴你同行。“牛津之声”对我来说，既是一段奇妙的人生之旅，也是我一生中最大的幸运。因为这份工作既让我学到了知识，也让我收获了智慧。而且在每次的工作筹备过程中，我都能发现自身存在的不足。

讲堂并不是只存在于人生中的某个特定阶段。学海无涯，若有优秀的人指点迷津、传道授业，那么人生处处是讲堂。“牛津之声”对我来说不是一份工作，而是我梦寐以求的讲堂。为了让更多的人了解这个讲堂、走进这个讲堂，今天的我面对工作的艰辛也依旧甘之如饴。

辑二　为时未晚时，去做你想做的

把你肩头所负的人生重担想象成行囊吧。开始时的沉重感可能让你寸步难行，但是随着时间的流逝，你会发现行囊中的东西不仅不是一无是处，反而正是你当下所需。人生是一场无比漫长的旅行，面对如此漫长的旅程，又怎能两手空空地上路？那些压在我们肩上的重负一定会给我们带来帮助。

亲力亲为，拥有才有实感

独自旅行，需要自己照顾好自己。所有的事情自己决定，所有的后果自己承担，在这个过程中，我与自己对话，我开始更加了解自己。

——韩飞野《风的女儿，绕地球三周半》

我在牛津大学有不少至交好友，其中，杰西是经济条件最困难的。每到假期，她都得去打工赚生活费，她每天的日常开销只有五英镑而已，换算成韩币，还不足一万元。对她而言，午餐只能简单吃点儿面包充饥，而晚餐则随时需要做好挨饿的准备。有一次，我被邀请去她的家中吃晚餐，摆在我面前的只有一块面包和一碗汤。

“不会只有这些吧？”一起前来用餐的朋友玛丽琳和凯伊摸着饿瘪的肚子小声地对我说。但是，除了这些，没有别的了。

从那以后，每次看到杰西我都莫名地心疼，我也很担心她的身体状况。但是她的自尊心极强，我想请她吃大餐，她似乎都能看穿我的心思，每次都会毫不犹豫地回绝我的好意。而我也总是需要察言观色，以此来判断我是不是伤了她的自尊心。我真心希望杰西可以摆脱现在的困窘，取得成功。

但是有一天，我却从一个朋友那里听说了一件让我深感意外的事。那个朋友看到我一直在为杰西担心，觉得应该让我知道事情的真相。

“杰西她们家其实并不穷，相反还非常有钱。”

如此说来，杰西家境殷实，完全没有必要过着有上顿没下顿、饿着肚子学习的生活，更不用靠打工来维持生计，那她为什么过着如此困窘的生活呢？难道是因为她闯了大祸跟家人闹僵了？难道是她的父母反对她学习吗？我百思不得其解。尽管有些失礼，但我还是忍不住问杰西这一切都是为什么。她的回答非常简单直白。

“这是我的人生，为什么一定要父母帮忙呢？”

如今的贫困处境是她自己做出的选择。她并不是有什么特别的理由因而向往简朴的生活，只是追求经济上的独立，希望依靠自己的能力生活。

杰西对目前的穷困潦倒毫无怨言。我们共同的朋友玛丽琳和凯伊也从来不会为她担忧。因为在她们的眼中，杰西所选择的生活合情合理，没什么值得大惊小怪的。因为她们觉得父母的东西只属于父母，并不属于自己，作为一个成年人，首先要摆脱对父母的依赖，这才是她们眼中的独立，才是她们想要的人生新起点。相比之下，我自惭形秽。我上学的时候，衣食住行全靠父母的资助。因为我是学生，所以我理所当然地接受父母的帮助，对世事也是一无所知。直到毕业结婚以后，我才开始了解人情世故。以学生的身份为借口，迟迟不肯涉足成年人的世界，我是多么无知，多么不懂事。

英国和美国的大学生，一入学就成了负债者，因为他们普遍都会申请助学贷款，现如今也有很多韩国学生这样做。在我生活的那个年代，如果家里条件不好，上大学是做梦都不敢想的事。现如今的孩子哪怕负债累累，也会选择上大学，说实话我很钦佩他们的勇气。我觉得这些还没开始赚钱就先学会了欠债的孩子很惹人怜惜。

我一直坚信，为人父母最重要的一点就是让孩子有一个更好的人生起点。当孩子离开我的庇护，开始面对自己的人生时，我希望他和别的孩子一样，站在同一条起跑线上。为了让孩子能够顺利完成学业，我觉得所有的父母都会不辞辛劳地奋斗与工作。我相信所有的韩国妈妈心中都会有这样的想法。但是单凭信念是无法左右人生的，父母的想法也并不总是正确的。

1997 年韩国面临外汇危机，很多留学生因为经济问题不得不提前回国。我们家的孩子也一样。尽管那时我的丈夫是医科大学的教授，我也在多所学校任教，但是为了准备两个孩子的学费，这些还是远远不够的——因为那时的汇率暴涨了三倍。每天晚上看着家里的开销明细，我都忍不住连声叹息。虽然每次与孩子们通电话的时候，我都会跟他们说“越是困难的时候越要努力学习，妈妈已经把学费都准备好了，你们什么都不用担心，只要好好学习就行了”，但生活的重负却让我觉得喘不过气来。有的时候我甚至希望孩子们能自己主动提出放弃留学。

就在我跟丈夫勉强筹措学费的过程中，我发现了女儿申请助学贷款的事。女儿虽是“爱心基金”助学项目的受益人，但其金额有限，女儿又额外向银行申请了贷款。

“就算是贷款，也应该由身为父母的我们来申请，你为什么要申请？难道妈妈连你的学费都交不起吗？以后这贷款对你来说是多大的负担，你知道吗？”

女儿的乖巧懂事虽然让我很欣慰，但同时我也觉得伤心愧疚。我心中有一种负罪感，因为我觉得自己没有尽到做父母的责任。

“妈，我周围的人都是这么做的。我已经是大学生了，当然要申请助学贷款了。妈，你已经为我做得够多了，现在我长大了，我想自己承担。”

英国银行的助学贷款一般要求学生大学毕业参加工作之后再开始偿还本金。英国的大学生一般不向父母伸手要钱，普遍依靠助学贷款完成学业。踏入社会以后，首先要做的就是清偿助学贷款，这在大家看来是一件理所当然的事。为了节省交通费，儿子每天步行上学，在这样的勤俭节约中，儿子也完成了学业。女儿在大学期间不仅担任了外国留学生学生会会长，还多次取得了奖学金。孩子们就这样自主地完成了学业，离开了我的怀抱，开始独立面对自己的人生。我的“穷”朋友杰西也取得了成功，开始在牛津大学当讲师。就好像是为了印证我的忧虑多此一举一样，女儿毕业后顺利进入英国高盛集团工作，几年之内就还清了所有的贷款。这些孩子都勇于面对自己应该承担的责任，并在这一过程中自我成长。

想要肩头毫无重负地站在人生的起点上，是一种奢望。父母们都不希望给孩子增添任何负担，这种想法也是不可能实现的。每个站在人生起点上的人，肩上都承载着别人无从知晓的负担。当你把这些负担看得很轻时，你的肩头自然会觉得轻松；当你把这些负担看得很重时，它们便会如同钢铁般沉重，随时可能把你压垮。你如何看待肩头的重负，决定了你将走出怎样的人生。最明智的做法就是忽略你肩头的重负，把它想象成人生旅途的行囊吧。开始时的沉重感可能让你寸步难行，但是随着时间的流逝，你会发现行囊中的东西不仅不是一无是处，反而正是你当下所需。人生是一场无比漫长的旅行，面对如此漫长的旅程，又怎能两手空空地上路？那些压在我们肩上的重负一定会给我们带来帮助。

“教授，您从父母那里继承了什么东西？”

2006 年，我遇到了诺贝尔经济学奖获得者、哥伦比亚大学的教授埃德蒙·费尔普斯。在与他的交谈中，我向他提出了这个问题。我总是会向遇到的人提出这个问题，以此来确认我是否是一位称职的父母。

“我母亲去世以后，把她的老房子留给了我。这可是一件令人头疼的事儿。”

费尔普斯教授一边说着，一边豪爽地笑出声来。他说他在美国既没买过房，也没买过车。在急需用车的时候，他就会去租车。现如今，他仍与妻子住在纽约曼哈顿的小公寓里，过着简朴的生活。可能正是因为潜移默化地受到了父母的影响，他才会养成这样的生活习惯。

“我的父母总是跟我强调，人生是变化莫测的。不管遇到怎样的状况，都要怀着一颗包容的心，理智地应对并解决，只有这样，你才能拥有更好的人生。”

费尔普斯教授从父母那里继承的财产不仅仅是那所老房子，他还从父母那里学会了如何拥有更完美的人生，这才是真正的无价之宝。我在牛津大学读书的时候，一位中国朋友也给我讲过类似的故事。她说在她很小的时候，母亲就去世了。可想而知她有多孤单、多无助，但她觉得这么多年以来母亲一直守在她身边，因为母亲临终时，对她说了这样一句话。

“人生中不管遇到什么困难，你只要铭记一点就够了，那就是不要轻言放弃。”

每当身处人生低谷时，她总会想起母亲的话，从而重新振作，渡过难关。明智的父母留给孩子的不是金银财宝，而是无价的精神财富，子女们继承父母的生活哲学，开创属于自己的精彩人生。

父母的存在之于我们，就如同我们的脊柱。虽然时时刻刻与我们同在，但不管我们如何回头看，都无法亲眼见到。看不见的脊柱支撑着我们，让我们直立行走、挺胸昂首。同样的道理，父母就是我们的支柱，让我们可以直视前路，勇敢地生活。他们默默地在背后支持我们，为我们指引方向，使我们不致迷失，他们已经尽到了应尽的职责。当我们站在人生的起点上，未来的路要如何走，完全取决于我们自己。因为这是我们的人生，这是属于我们的旅程。

人生之旅的行囊自然也需要由我们亲自来打理。那些装入行囊中的行李，只有亲自挑选，才能真正成为属于我们的东西。有的时候，我们可能会因为选错了行李而吃苦头。但是没关系，因为人生的旅途很漫长，眼下你只不过是犯了一个小小的错误而已。人生的行囊需要亲自打理，这一点永远不要忘记。虽然刚开始的时候难免会生疏迷茫，但不知不觉中积累的经验会让你越来越熟练。

稍微迟点儿也无妨

睡懒觉是一种最容易收获满足的方式。每天不知困倦地连续工作八个小时，这是一种疯狂的行为。

——汤姆·霍奇金森《悠闲度日》

人生在世，总会有羞愧难当的时候，特别是在你一直以来深信不疑的信仰瞬间崩塌的时候。人无完人，没有人永远是对的。哪怕是有智慧的圣人，也不可能万事处理得当。我们的一生会犯不计其数的错误，甚至没有时间去纠正。

回顾我的人生，我也有过很多失误。所以我特别感激于迟暮之年在牛津大学度过的时光，正是这段宝贵的人生经历让我可以正视我以前所犯的错误。作为母亲，应当如何生活，这是我思考得最多的问题。我觉得我不是一位明智的母亲，或者说我不是一位称职的母亲，可能后一种说法更为妥帖。有时我会反省，我不甚明确的教育观念是不是束缚了孩子们的发展。有时我也会后悔，我强迫孩子们学习，使他们宝贵的学生时代缺失了很多美好的回忆。学习本来就不是人生中最重要的事。

有一次，我在女儿的书桌上看到一张便签，一种被背叛的感觉向我袭来。那时的女儿还在韩国上高中。

“我与自习室的男生们一起去KTV唱了两个小时的歌，实在是太爽了。”

“你这个孩子到底在干什么？我累死累活地供你读书，你竟然跟男孩子一起跑到KTV去胡闹。”那个时候的我，就是如此盲目。学生的天职就是学习，那时的我对这一观念深信不疑。我的孩子与异性朋友一起去KTV，我便觉得她不务正业，那时我的想法真的是既偏激又落后。直到现在，每当我想起当时自己觉得被女儿背叛因而义愤填膺的模样，都觉得无颜面对儿女。如果我早点儿来到牛津大学读书，可能就不会发生这样的事情了。在后悔的时候，人们总能想到一个词，那就是“如果”。如果我能重新回到那个时候，我会对我的孩子说什么呢？

“不是说整天坐在书桌前，学习成绩就能够提高的。要是看过的东西都能全部掌握，那该有多好？注意力不集中的时候，你可能只是坐在书桌旁看着墙壁发呆。这种时候你不妨找点儿感兴趣的事情来做，让你的头脑放松一下。”

学习的时候最让人郁闷的事情就是虽然你一直在看书，可是却一点儿都没看进去。也就是说学习的重负已经让大脑陷入疲劳状态了。可那时的我为什么觉得我的孩子们就不会疲惫呢？

“在 KTV 唱歌时，有男生为你的歌声所倾倒吗？你该不会没有唱歌，只负责鼓掌了吧？”

我当时为什么没有这样问呢？说句实话，当我看到那张便签以后，我根本不关心女儿的歌唱得如何，甚至连一丝好奇都没有。为什么除了学习，孩子们从来不向我提起他们感兴趣的事呢？都说妈妈最关心孩子的特长，但是只有孩子的特长与未来的职业选择乃至成功有关联性的时候，妈妈们才会满心欢喜地接受并表示支持。除此以外的其他特长则被判定为耽误学习的元凶，从学生时代开始就沦为了必须被赶尽杀绝的对象。虽说会搞笑，会声音模仿或者动作模仿，都是难能可贵的特长，但妈妈们对此毫无兴趣。或者说明知道孩子有这方面的特长，但是却选择了视而不见。

牛津大学里有很多学霸。初次见面，人们可能会误认为他们是书虫，只会学习。事实上，他们可以最大限度地高效利用自己的时间。尤其是他们愿意花费很多时间与精力来缓解自身的压力。

牛津大学在学生联合会登记注册的学会及社团多达两百余个，从赛艇、滑雪、足球，到体育舞蹈、管弦乐队，考虑到在校学生的国籍、民族、宗教信仰各不相同，学校社团的种类可谓是多种多样。牛津大学的大部分学生都会积极参加各种社团活动，以此来缓解学业上的压力。连与兴趣爱好绝缘的我，每到下午也会去参加舞蹈社的活动，借以释放压力。

牛津大学可以说是世界知名学者的聚集地，这里的教授也不只是盲目地专注于学术研究。有的教授会跟学生们一起参加社团活动，有的教授会去参加慈善活动或者选择别的兴趣爱好来打发业余时间。最让人觉得惊讶的是大部分教授都会精通某种乐器。其中最具代表性的人物是牛津大学的生物学专家诺布尔教授，他最擅长演奏古典吉他，而且技艺精湛，不容小觑。年近七旬的他在不惑之年才开始学习弹奏古典吉他，也就是说他弹吉他已经弹了将近三十年了。每次他讲完课，都会为学生们来一段吉他表演。

在赛马场，可以看到心无旁骛、一心往前冲的赛马。虽说赛马们驰骋奋进的样子潇洒帅气，但转念想到它们只是盲目向前冲，却也给人一种说不出的凄凉之感。而包括我在内的很多韩国妈妈都是眼里只有学习一条路，逼迫孩子们在这条路上不断前进。我在牛津大学遇到了很多韩国学生，他们便是这种家庭教育的典型代表。

我有一个同期的同学，他的整个大学时光都是在学校图书馆里度过的，直到毕业为止，他甚至从来没有参加过任何派对。有的时候，我也会在休息室里碰到他。杜绝一切课余活动，每天枯坐在书桌前，高强度的学习生活让他的脸上多了几分憔悴和枯槁。到底是什么使他成为这样的“学习狂”？每次看到他我心里都会隐隐作痛。询问之后我才知道，他的家庭条件并不好，但是父母省吃俭用，不仅供他读完大学还送他来英国留学，想到父母的艰辛与不易，他就没法儿安心玩乐，只能一心学习。虽然他的话让我很受感动，但是我仍旧为他担心。

在学校里，除了学习还能学到很多其他的东西。美好的回忆、鼓舞我们的朋友、人生的智慧，这些东西不是通过学习就能获取的。仅仅为了获得学位而努力的人生，会是多么枯燥、多么贫瘠。

在牛津大学，我还认识一位学计算机的后辈，刚开始的时候他也一样不跟同学们来往，一心专注于学习。我很为他担心，所以不管是去派对还是去参加社团活动，我总会带着他，并介绍朋友给他认识。当他慢慢熟悉了这种氛围以后，他也像其他的学生一样开始享受牛津大学的生活，最后他以优异的成绩毕业，回到了自己的祖国。

很多年之后，我再次遇见了他。他也在无意中跟我提起了他不愉快的工作经历，公司里有一位职场新人诬陷他，使他蒙受了不白之冤。好在公司方面开展了调查，使真相得以水落石出。原来这位职场新人自己实力不足，怕被戳穿，所以构陷能力出众的他，掀起了这场风波。当一切被公之于众的时候，这位新人自然是引咎辞职了。但是有一天，这位后辈却找上门来，说自己创业的公司想使用他开发的软件，希望得到他的首肯。如果是我的话，会如何选择呢？可能我压根儿就不会再见这个后辈吧。但是他却表现得很友好，答应了这位曾经诬陷过他的后辈的请求，并嘱咐他说可以尽情使用自己的软件。

“说句实话，比起人，我更喜欢计算机，所以我才选择了计算机专业。直到大学毕业为止，我都没有信心能和人和谐相处。但是来到牛津大学以后，我认识了很多教授，也结识了很多朋友，我才发现之前自己的想法是多么无知。现在我很喜欢与人打交道，我也希望自己能成为一名心系他人的优秀程序员。”

连任企划预算处局长的前专利厅厅长李秀元因其非凡的萨克斯演奏实力而小有名气。在还担任厅长时，他在一次活动的现场演奏了一段萨克斯，现场的职员们纷纷拍手喝彩。他之所以与萨克斯结缘，也要追溯到他去牛津大学进修的时候。他发现牛津大学的教授们基本上都会演奏一种乐器，因而深受触动。我曾问过他，学会了演奏萨克斯，给他的人生带来了哪些变化。

“学习萨克斯，让我明白了努力的过程比结果更重要。在人生中，努力和回报往往并不是对等的。我花费了差不多一千五百个小时练习萨克斯，对比我所付出的努力，我的萨克斯演奏实力远没有达到预期的水平。刚开始的时候我也觉得有点儿伤自尊，但是后来想想也就不那么在意了。为了学好萨克斯，我所付出的努力，我所投入的时间与精力，这些都是美好的回忆，让我倍感欣慰。人生也如同我学习萨克斯一样，最难能可贵的是努力的过程。”

你是否注意过树木的果实结在哪里？虽说是树根为树木提供生存所必需的养分，但往往是在枝干上结出果实。

对学生来说，如果学习是树根的话，那么娱乐和兴趣就相当于枝干。

如果我能重返两个孩子的学生时代，我想对他们说这样的话。

“除了学习，也培养一下兴趣爱好吧。兴趣爱好越多越好，因为在你学习疲惫之时，兴趣爱好能帮你缓解压力，也能舒缓你身心的疲劳。就算你兴趣广泛却无一精通也无妨，说不定哪一天，这些爱好就会代替学习，成为你通往精彩人生的阶梯。”

琐碎让我们更伟大

所谓的自由就是懂得取舍。

——斯蒂芬·维经兹

牛津大学有一位我很尊敬的教授，名叫D.诺布尔，他有一套老旧的“校服”。准确来说是一套袖口磨损严重、明显反复缝补过的旧西装。诺布尔教授常年只穿这套西装，因此我们开玩笑地将这身西装戏称为“校服”。因为他总是穿着同一身西装，所以我默默地下定了决心：以后要是有机会，一定要送他一身帅气的西装当礼物。

就这样机会来了。诺布尔教授因公访问韩国，我带他去了梨泰院，想为他量身定做一套新西装。但是，是否应该接受我的好意，诺布尔教授一时之间犹豫不决。他对我说起了有关这套“校服”，也就是这身老旧的西装背后那不为人知的故事。

“我父亲在伦敦郊区做裁缝。我大学毕业在即，父亲十分高兴，他反复量了我的尺寸，决定亲手为我做一套西装。他思量了很久，才决定了西装的款式。虽说对于裁缝来说，制作一套西服并不是什么特别的事，但是我父亲当时身患肺癌。最终他还是没能把我的衣服做完，就去世了。后来我母亲接手做完了那身西服，也就是现在我总穿的这身衣服。”

我们的人生是由简单的日常生活构成的。当我们站在人生的这一边回首过去的时候，这些日常生活看起来既琐碎又平凡。但是当我们从另一个角度看到琐碎日常背后的故事时，就会发现其中暗藏着巨大的意义。可以说我们的生活中没有什么事情是真的琐碎、无意义的。正是这种有意义的琐碎为生活增添了色彩，使人生更加有质感。

在我们看来，诺布尔教授的西装不过是一套普通的旧西装而已，是他朴素生活习惯的象征。但是对诺布尔教授本人来说，这套西装却饱含着父亲、母亲至真至纯的爱，可谓意义巨大。正是这些炽热深情的人生经历让琐碎显出伟大。

听了诺布尔教授西装背后的故事后，我想起了丈夫的小提琴。这个有关小提琴的故事常常让我觉得羞愧，我没有跟任何人提起过。这段往事将我的无知、我的不懂事展露无遗。

结婚以后，一个偶然的机会，我在丈夫的书房里发现了一把小提琴。“这是丈夫的小提琴吗？”我的心中升起一丝疑问，但是我从来没有见过丈夫拉小提琴，而这把小提琴也是残破不堪。小提琴琴箱上的线头参差不齐，琴弦也严重老化。尽管如此，但为什么会一时冲动将丈夫的小提琴处理掉，我至今也百思不得其解。可能是那天的天气太好，也可能是回收二手货的大叔的叫卖声太有感染力，总之我好像着了魔一般，想都没想就提着丈夫的小提琴冲到了街上。随后，我自以为是地用那把旧提琴换了一瓢玉米。玉米出奇地美味，当天下午一切如常，什么事都没有发生。

几天之后，丈夫发现他的小提琴不见了，可想而知他有多惊慌。再怎么说也是一件乐器，如果换了什么了不起的东西回来也算是一种安慰，结果只换回了一瓢玉米而已。但是丈夫毕竟是成年人，很长一段时间里他只是埋头于工作，并没有再提起有关小提琴的事。

从那以后又过了很久，丈夫借着一杯红酒的劲儿道出了小提琴背后的故事。丈夫作为长子，出生在一个贫困的农村家庭，从小他的肩上就承载着全家人的期待。他学习成绩优秀，全家人都期待他能带领大家挣脱“贫穷”这一噩梦的束缚。因此，他大学要选择什么专业都是不言自明的。当然他也可以选择拒绝，但是没有必要拒绝甚至无法拒绝就是他的宿命。

丈夫一心向往艺术这条路，因此他的心底对艺术有着深深的迷恋。年轻时的丈夫是钟爱歌德与卡夫卡的文艺青年，是靠一首古典音乐就能打发一天时光的艺术信徒。但是生活的艰辛不允许他追求自己的梦想。现实是，没有奖学金的话，丈夫可能随时面临退学的危机，每天等待他的是辛苦的打工生活。就这样，他用节衣缩食省下来的钱买了这把破旧的甚至无法弹奏的小提琴。虽然丈夫没有机会弹奏这把小提琴，但是这把破旧的小提琴却成了丈夫艰难忙碌的日常生活中一个小小的安慰。每当他看到这把小提琴，就能暂时摆脱枯燥的医学学习，重温一下心底想要成为艺术家的热情。如此重要的东西却被不懂事的我随便处理掉，只换回了一瓢玉米，丈夫那时一定心如刀绞吧。但是丈夫却反过来安慰我说，这把消失的小提琴为他提供了一个新的起点。

"那把小提琴不过是我心中的一个执念，让我无法专注于学术研究。那把小提琴消失以后，我反而更能认清现实。哪怕是为了你这个不懂事的妻子，我也应该更加用心学习，这种决心也是一种收获吧。"

我是万万没想到一把破旧的小提琴会蕴含着如此多的意义的。

世界上没有微不足道的东西。就算从经济学机会成本和效率的角度去考虑，我也无法说清楚所谓的重要的事和琐碎的事之间到底存在何种差异。精明干练的CEO坐在奢华的办公桌前“指点江山”，他的工作固然重要，难道就可以因此断定那些在复印室里整理两面纸的基层职员的工作就是琐碎而微不足道的吗？我一直坚信，对个人来说所有的事情都是重要的。

我曾向世界知名的中世纪历史研究专家莫里斯教授提出过采访邀请。他提议说与其在办公室里见面，不如一起出来散散步。学生们都亲切地称莫里斯教授为园丁，因为他有一个特别的习惯，那就是没有课的时候，他总是会出现在牛津大学校园的路上，一边踱步一边埋头思考，就像园丁在整理草坪一样。大家甚至开玩笑说，如果你想要见他，不妨到牛津大学的校园里走一走，说不定就会有收获。

莫里斯教授带领我往贝利奥尔学院的方向走去，并在一棵笔直挺立的栗子树前停了下来。这棵树的树干很是粗壮，三个成年人手拉手才能勉强将其抱住，而树的高度也远远超过六个成年人的身高之和。虽然这条路我反反复复走了很多遍，也曾注意到这棵老树，但我从来没有察觉到它是如此巨大。本来越是熟悉的东西，就越难有新的发现，因为这些风景太过熟悉，所以传递给我的除了一种亲近之感外，再无其他情绪与认知。莫里斯教授站在树下，以其特有的沙哑嗓音开始对我说起话来。

“人们都说这棵树两百多岁了。对我们来说，这棵树仅仅存在于眼前的风景中。但是这棵老树很久以来一直在默默地守望着我们，用它巨大的枝叶为我们撑起一片阴凉，从来不曾懈怠过。虽然它只发挥了微不足道的小作用，但是我们却因此可以获得片刻的安宁与惬意。”

时至今日，我们都不知道应该如何从琐碎的日常中寻找细小的快乐。我们也常常忘记，就是这些毫不起眼的琐碎小事一点一滴构筑起了我们的人生。米兰医科大学的教授达里奥·弗朗西斯科（Dario Francisco）每个周日早晨都会亲手烤制比萨，因为每个周日他都会在家中举办家庭聚会，长大成人的子女们都会来参加。一位知名的大学者，清晨开始烤制比萨，谁能说他的生活是琐碎而微不足道的呢？他曾坦言每周日上午的家庭聚会对他来说是最弥足珍贵的。

也有很多人在琐碎中发现了自己的梦想。我有一个朋友，名叫伊娃，她的丈夫是1991年诺贝尔生理学奖获得者厄温·内尔(Erwin Neher)教授。伊娃本来也是一位前途无量的科学家，但是她很喜欢孩子，所以他们生了五个孩子。在故乡德国，伊娃是一位全职妈妈，她专心抚养孩子，过得幸福美满。但是随着孩子们慢慢长大，她的全职妈妈的生涯也开始慢慢接近尾声了。虽说主妇的生活日复一日、毫无新意，但是对伊娃来说这段时光十分珍贵，全职妈妈的生活即将结束的事实让她倍感遗憾。在伊娃下定决心继续照顾更多的孩子以后，她把家附近一个占地面积约八百坪的农场改建成了科学大讲堂。这个由一名主妇创办的科学大讲堂不仅受到了德国人的推崇，也受到了来自世界各国的父母及孩子们的热烈欢迎。有多达十四万名的孩子参加过科学大讲堂的课程，这里成为了名副其实的学习圣地。如果当初伊娃把主妇的生活看得琐碎而微不足道，那么世界也不会呈献给她如今的这些美好。

有的时候，一次微不足道的邂逅也可能转变成重要的羁绊。我与我的中国朋友袁俊的因缘就起源于一次小小的邂逅。那天，我跟“牛津之声”的同事们一同前往牛津饥荒救济委员会。牛津饥荒救济委员会有一个常设的市场机构，专门从事互惠贸易进口商品及其他人捐赠的二手商品的买卖活动，并将赚来的钱捐赠给世界多个贫困地区。在英国就有足足七百三十余个地区受惠于牛津饥荒救济委员会，当有海啸发生时，该组织也会募集援救物资运往受灾地区。我就是在牛津饥荒救济委员会的市场选购东西的时候遇到了袁俊。说句实话，虽说我喜欢购买二手物品，为家庭减轻了一部分经济上的负担，但是我在购物时总是没有任何计划，常常冲动购买。

那天也一样，我到处闲逛，挑选了各式各样的东西塞满了我的购物筐。在结账之前，我都是满心欢喜的。但是从我与“牛津之声”的同事们告别，自己提着我的“战利品”往回走的时候开始，我的心中便满满的都是懊悔。因为这些东西实在是太重了，我走几步就得停下来歇息一下，最后在又走了几步之后，我便彻底放弃了，我只想后退，不想再前进了。就在这个时候，只有几面之缘的袁俊走过来跟我打招呼。她看了一眼我那“硕果累累”的购物筐，最后被一件绿色的外套所吸引。这件绿色的外套是我那天购买的物品当中体积最大的东西。

“你喜欢这件衣服吗？”

在提着这堆东西步履维艰的过程中，因为这件外套太过沉重，我对它的好感已经没了。袁俊听罢我的提问，显得有一丝慌乱，一时之间语塞，我立刻掏出这件外套塞进了她的怀里。

“留学生活清苦，就当这个外套是姐姐送给你的礼物吧！”

正好第二天，袁俊要回一趟中国。她从中国回来之后，送了我一条丝绸方巾作为礼物。

“其实你送我绿色外套的那天正好是我的生日。”

在人生地不熟的异国他乡，想过一个有模有样的生日显然并不容易。那天她正在独自散步为自己庆生，却意外地从只有几面之缘的大龄韩国姐姐那里收到了一份礼物，一件心仪的绿色外套。在我漫长的人生中，这不过是一件微不足道的琐碎小事，可正是这件小事给了在异国生活的袁俊以极大的安慰，让她感受到了意外的温暖。而这件事对我来说也是一种收获，让我懂得了我的一个小小的行为也能为别人带来欣喜与感动。当然，我与袁俊时至今日仍然是无话不说的好朋友，这对我来说才是任何收获都无法比拟的最大幸事。唯一的遗憾是自从发生了这件事，我更加没有理由说服自己不要再冲动购物了。

来自澳大利亚的牛津大学法学院教授詹姆斯说他每天要忙到凌晨两点才能入睡。当被问及为什么要忙到深夜才能休息时，他回答说："虽然学术研究也很耗费时间，但是我要花费更多的时间给学生们回邮件，解答他们的问题。"

"我在牛津大学学习的时候，在我那一团糟的报告上，老教授们留下的真心实意的批注与评语就是我收到的最好的礼物。虽然这看起来没什么大不了的，但是这些针对我个人的忠告或平淡的只言片语却让我印象极其深刻，远远胜过那些华丽的人生大道理。"

并不是说华丽的东西就是不好的，只是有的时候华丽的外表往往掩盖了事物的本质。时隔许久的家庭聚餐，不是为了品尝丰盛华丽的菜肴，而是为了感受亲情的温暖。

在开学典礼或毕业典礼召开之际，我们牵着母亲的手一起逛商场，真正的收获不是华丽、帅气的衣装，而是母亲那份经久不衰的爱子之情。

你是否想过钱包里的一张全家福、恋人清秀的脸庞在打造完美的一天或是为生活增添活力方面发挥了怎样的作用？细心观察周围你就会发现，除此以外还有不计其数的琐碎细节正在创造着生命的奇迹。静静躺在书桌上的那本泛黄的日记，虽说好像微不足道，但却让我们更加热爱生活，更加珍惜我们走过的每一天。比起华丽的事件，琐碎的细节对我们的人生影响更为巨大，若是你能体会到这一点，可以断言你正在精彩的人生路上奋勇前行。

没有理所当然才是理所当然的真理

人们幸福与否取决于是否懂得感恩。

——约翰·米勒

“我在明洞呢，要不要出来见一面？”

我回韩国度假，突然接到了好朋友的电话。趁着她来首尔，见一面也好，我放下手头的工作，匆匆出了门。虽然许久未见，但是她的表情看起来并不愉悦，好像有什么心事。我便开口询问了一番，她今天出门本来是打算送儿子一份礼物，给他一个惊喜，但是现在好像一切都化为泡影了。

朋友说正在准备研究生考试的儿子一直很想要一台平板电脑，她之所以会来明洞就是为了给儿子买礼物。因为想给儿子一个惊喜，所以事前并没有跟他打招呼。但是儿子却说“今天状态不好，改天再见面吧”，拒绝了朋友去看他的建议，朋友连送礼物的好心情也被一冲而散了。“为什么要争一时之气？既然决定要给他买礼物了，那就买来送给他呗，你这是干什么？”我本可以这样跟她说。但是世上没有免费的午餐，在这个世界上又有什么是唾手可得的呢？在朋友看来，儿子说自己状态不好，不过只是一个借口罢了。时常见面的家人，尤其是最好敷衍的妈妈，不想见他们，不想听她们啰唆就随便找个借口搪塞过去，这很符合儿子一贯的行事作风。我在抚养孩子的过程中确立了一条原则，那就是“如果他们不懂得感恩，那就不要给予他们任何东西”。实际上这也是我对孩子们最常讲的一句话。“丑恶的海怪也比不上忘恩的儿女那样可怕！”这是英国最著名的作家威廉·莎士比亚说过的一句话。我也在抚养孩子的过程中发现，这绝对是一句警世名言。

就像父母有抚养子女的义务与责任一样，子女也应该善待父母。所谓的善待父母不是要求子女们给父母买礼物、送红包。不管每天见几次面，一个温暖的拥抱、一句温馨的话语、一个亲热的举动，这些都是善待父母的表现。礼尚往来是世界上所有关系得以维系的准则。环顾一下我们周围的情况，就会发现虽然人人都高喊着“互相迁就（give and take）”的口号，但是在父母与儿女的关系中，总是觉得父母对儿女的付出就是理所当然的。

“我做窗帘的时候把你们的也一起做了，算是为我老的时候买保险了。”

听罢我的话，儿媳妇笑嘻嘻地接过窗帘。她没有问我所谓的“保险”是什么，我也没有跟她解释。站在孩子的立场上去理解，肯定就是父母老了以后，要赡养他们，每个月给他们生活费，但是我所说的保险却并非这个含义，我所期待的不过是儿女们一点儿小小的关爱，一句温馨的话语。我半真半假地开玩笑说，如果你们和蔼善待我，我会很幸福的，绝对不会得老年痴呆。为了不使这句玩笑话落空，我和丈夫也一直十分留意身体健康这个问题。但是健康往往并不是最大的问题，儿女们发自心底的关爱才是我们欲罢不能的享受。

时隔一年未见的后辈表情暗淡端坐在那里，叹息连连。她与她的丈夫都有工作，用心经营他们的家庭，可谓是我们身边的模范夫妻。孩子们在她的关爱下茁壮成长，大家都称赞她是一位好妈妈；婆婆卧病在床，她一直在一旁照顾直至婆婆辞世，可以说她也是一位不可多得的孝顺好儿媳。就是这样的她却在去年春天遭遇了婚变。

“上了年纪却离了婚，这也不是什么值得炫耀的事，况且我们还有孩子，所以周围的人大多不了解真相。”

后辈说他们夫妇离婚的最主要原因就是丈夫总是发无名火。后辈说丈夫退休之后，她本来是满心欢喜的，觉得两人难得有了可以共处的闲暇时光，可以开始享受第二人生了。但可能是因为离开了奉献一生的工作，丈夫情绪落差很大，总之他每天睁开眼睛第一件事就是大发雷霆。当时，后辈的丈夫是一名公务员，总是有这样或那样的业绩要扛，即使是在压力很大的工作时期，他也不曾这般情绪失控。同样都有工作，男性与女性的思维差异如此之大吗？丈夫因为退休后的空虚而情绪失控，每天从外面回家之后，就把受到的委屈与挫折转嫁到妻子身上，借以发泄。

“姐姐，你想想看，我也在公司上班，每天下班回家之后我都要准备晚餐、打扫房间，还要照顾老人和孩子。他说自己是男人，所以从来不帮忙，好在在公公婆婆面前他还是向着我的。如今，他有什么好委屈的？本来想着我劳累了半辈子，如今终于可以舒服地过日子了，却每天还要听那些冷言冷语，我才觉得委屈呢！”

听完后辈的话，我觉得这种情况下，离婚也是无可厚非的。很多人觉得妻子下班回家照顾全家老小、打扫卫生、准备晚餐是理所当然的，很多家庭因此而发生争执。从来不安慰忙里忙外的妻子、不体谅妻子的辛劳，这样的丈夫在大韩民国究竟有多少，这是一件值得一探究竟的事。只要妻子抱怨的声音大一点儿就揪住不放，批评妻子无理取闹，无视妻子对家庭的贡献，环顾我们的周围，这样的人数不胜数。

在外面与世无争，对任何人都亲切热情、面带笑容的男人为什么回到家里却吝啬于表达，难道他们自己不应该反思一下吗？妻子在什么时候，会从丈夫那里感受到强烈的背叛感？针对这个问题，以家庭主妇为对象的问卷调查表明，比起丈夫有外遇，当丈夫首先想到或照顾的是除了自己以外的其他人时，妻子所感受到的背叛感最为强烈。到底有多少有妇之夫不关心家里的事，在外面却俨然一副好丈夫的模样，才会出现这样的统计结果？

可存在问题的又何止夫妻关系？在我小时候，每逢佳节各处都洋溢着喜庆的气息。亲朋好友三五成群返乡团聚，分享美食，闲话家常，欢声笑语不断。虽说在厨房中主妇们偶尔也会抱怨几句，但当全家人聚在摆满丰盛菜肴的祭祀桌前一一向祖辈行礼后，看着大家享用美食的模样，主妇们便会忘记身体的疲劳和心中的不满，露出欣慰的笑容。

但现如今，过节期间翻看新闻之时，总能看到这样的消息，亲戚之间发生口角、兄弟之间大打出手，甚至有动手殴打父母或者父母与子女之间拳脚相加最后导致死亡惨剧发生的事件。这些事件产生的最主要原因就是缺乏沟通。平时，大家没有来往也缺乏交流，只有在过节时才有机会见上一面，聊天时难免要谈起那些耿耿于怀、积压已久的不满。

“你们身为父母，为我做过什么？”

“为什么我就得规规矩矩，这事本来就是我哥先提起的！”

每次听说子女与父母争吵，最后反目成仇的事，我都隐隐觉得心痛。子女觉得父亲或者母亲偏心、子女破产将父母的房子抵押、子女抱怨父母不帮自己带孩子、父母觉得子女不孝对自己坐视不理，等等，父母与子女之间的矛盾可谓是多种多样。其实大家大声争吵、行为过分的原因只有一个，那就是希望对方能够倾听自己的诉求。

我想嘱咐年轻的子女们几句话，父母都是为儿女奋斗了半辈子，如今在这个世界上所剩时日不多的人。忘了是在什么时候看过的电视剧里有一句经典的台词，至今仍让我记忆犹新：“人们都说血浓于水，可能正是因为如此，我们也花费了更多的精力与热情与家人争执不休。”

但是每当看到长大成人的子女气势汹汹地与父母争执，我总觉得哪里不妥。小时候我们在父母的关爱与包容下成长，度过了漫长的童年时光，当父母老去，如同小孩子般固执时，我希望子女们都能怀着一颗包容的心多多迁就父母。

跟朋友聊天时，他曾提到子女带给父母一秒钟的失望，都会让父母觉得五十年的辛劳付出是不值得的。垂暮之年品尝到的失落，对父母来说无异于一种沉重的打击，可能会使他们开始怀疑活着的意义。

在家庭生活遇到困难的时候，不妨牵起妈妈的手，说一句“妈妈，暂时请您再耐心忍一忍吧”。所谓的这个“暂时”可能需要十年乃至更久，但是一句简单的话会给父母带来希望，支撑他们继续走下去。比起孙子孙女孝敬自己，看到孙子孙女孝敬自己的儿女时，便感到幸福与满足的人就是父母。就算你的心中郁结万千，也不要质问父母“你为我做过什么”，这种话只有在叛逆且不成熟的青春期说起才不会造成伤害、才能被理解。父母是经历了十个月的忍耐和期盼，用爱把我们带到这个世界上的人。可能对世上所有的父母来说，子女既是他们的骄傲，也是他们的债主。

“父亲，您一定要多多保重身体，这对我来说才是最重要的事情。您总是生气的话，对身心都不利。就算您再生气，觉得我再讨厌，也消消气吧！”

不管是多么铁石心肠的父母，只要子女率先开口言和，父母心中的怒火都会瞬间平息。可能对我们来说，父母既是最容易相处的人，也是最难相处好的人。看似容易实则困难多多的父母与子女关系经营，只有能够温和处理好这种关系的人，才算是真正成熟的人吧。父母是这个世界上对我们最宽容的人，与他们都无法和睦相处的人在公司里又能处理好什么呢？

就像父母对子女的爱不是理所当然的一样，在公司里，前后辈及同事之间的关爱与告诫自然也不是理所当然的。我认识的T因从来不向职场后辈传授工作经验而出名。有一次在酒桌上我问他为什么不教导一下职场后辈，提升一下他们的工作能力，他反问我：把自己辛辛苦苦学到的东西就这么白白教给别人，难道公平吗？但是已经盛满红酒的杯子便无法再容纳更好的美酒了。不把自己的经验和教训传授给他人，那么后来的新人们想要寻找新的机会，可想而知会有多困难了。只有遇到过这样的人，你才会发现以前那些仔细纠正你所犯的错误并对你谆谆教诲的老板或者前辈是多么值得感谢了。

不理所当然地接受那些看似理所当然的事儿，你就会有很多意外收获。十余年间，我都会与门卫、花匠等几乎所有牛津大学的工作人员心情愉悦地打招呼。特别是在进出校门的时候，我总会跟正门的门卫掰手腕，然后在欢声笑语中开始新的一天。而她也总是对我说："Sunny，只要我能帮上忙，什么事我都愿意帮你。"她的话在让我感动的同时，也让我觉得心里很踏实。

在牛津大学的校园里，能够随意开车进出校园的人并不多。车辆管控很严格，很多教授只能骑自行车或步行上下班。"牛津之声"因为从事与媒体相关的工作，难免需要开车搬运一些沉重的设备。为了使每天都需要带着设备进出校园的职员们可以便利通行，我郑重恳求门卫允许我们的车辆可以自由往返于学校及办公室之间，门卫觉得我的要求合情合理，所以愉快地答应了。

为了表示感谢，我送了门卫一条跟我同款的围巾作为谢礼。怕她觉得受之有愧，我还特意告诉她围巾是在韩国的东大门市场买的。她一脸愉悦地跟我说她非常喜欢。本就是我一直受她照顾，现在她反而跟我道谢，我觉得有点不好意思。当她跟我提起她要换工作的时候，明明还没有到分别的那一刻，我的心中已经充满了不舍和想念。哪怕是到了我这个年纪，与熟悉的人告别仍旧是一件痛心难过的事。现在我与她会在脸书上留言互动，了解彼此的近况。与她相处的过程，使我领悟到这样一个道理：越是那些默默无闻在幕后工作的人，越不会掩饰真我，面对这些温暖的人，我可以毫无戒备地率先敞开心扉。

小说家恰克·帕拉尼克说过这样的话："如今我的一切并不是与生俱来的，它们是先知们的智慧结晶。"就像世界上没有空穴来风一样，人与人之间的关系也没有理所当然的。不管是父母与子女的关系，还是夫妻关系、兄弟关系，抑或是同事关系，对这些关系来说，有一条普遍适用的原则，那就是世界上没有免费的午餐。我们要懂得在获得别人帮助的同时，学会去帮助别人。用心请别人喝杯茶、吃顿饭，对那些容易被忽略的小事心怀感恩，这样的心态就是滋润这个干涸世界的甘霖。怀着这样的心态去生活，总有一天，对这个世界来说，微不足道的你会华丽变身为一个特别的存在。

无论如何，这是我最终的归宿

在人生中最重要的事情不是你拥有了什么，而是你是一个怎样的人。

——聂尔宁《美好人生的挚爱与告别》

那是发生在毕业前夕的事。时隔许久，我与朋友们又相聚在牛津大学校园里的洗浴中心。过去我们常常聚在这里，一起缓解学习的压力，一起谈天说地，并在这个过程中建立了深厚的友谊。

我们谈论的话题可谓多种多样，从学习到恋爱难题，再到未来规划。这些从不轻易吐露自己心声的年轻外国人为什么会对黑头发的我心存信任（或是在我身上发现了什么值得依靠的东西）和敞开心扉，我至今也百思不得其解。现如今想起这些往事，我仍对他们心存感激。

当天，虽然我们的话题依然丰富多彩，但是主要的谈论焦点是毕业及人生新起点。大家可能是饱受去年的论文审核的折磨，比起对校园生活的恋恋不舍，更多的是一种豁然开朗、期待未来的心态。好像只要毕业以后，美好的新世界就会在眼前展开，各种幸福也会接踵而至。当然，也有几个朋友对离开校园的庇护、独闯社会的未来心存惧意。

“如此艰难的牛津大学生活我都熬过来了，区区社会生活算什么！”有个朋友自信满满地如此说道。我心想，不愧是我的朋友，真有魄力。

随后这位刚刚发表过豪言壮语的朋友转向了我，一直盯着我看，似乎期待着我能对她说些什么。“即将离开校园的朋友为什么希望临别赠言由我来说呢？也是，毕竟与他们相比，我的社会经验更丰富。”

“不久之前，我的准女婿给我打了一通电话。”

在发表临别赠言之前，我说起了女婿的事。对比这些朋友，我的专属财富不过就是我拥有丈夫、子女以及女婿了。

“他给我打电话的时候情绪很激动，好像是因为公司的领导而受了点儿委屈。他说有一个项目本来由他负责，可领导突然决定这个项目的管理权需要通过竞争来重新决定，女婿与同事之中的优胜者才有资格继续负责这个项目。”

每个人都很同情女婿的处境，开始为他说话。瞬间，女婿的上司就成为众人批判的对象。一时间议论四起，听得我耳朵都起茧了。

“这样的领导就应该马上炒掉！”

“不仅领导有问题，这家公司的问题更严重！”

“那你是怎么安慰你女婿的呢？”

安慰？对女婿来说，他真正需要的是安慰吗？

“我只跟他说了，这是你活该。”

听罢我的回答，朋友们的议论声更加高涨了。甚至有朋友跟我开玩笑，问我是不是继母，问我是不是心底里对女婿不满意。实际上，我的确是女儿的亲生母亲，我也很喜欢我的女婿。很久之前我就同意了他们的婚事，所以更不能不分青红皂白就去安慰他。

“他可不是学生，他是社会的一分子，是上班族。再过几天，我们也会变成他的同类。我们不可能一直享受学生的待遇，也不能对此心存期待。社会与学校并不同，学校也不是整个世界。”

大学毕业之后进入社会，很多人会在不知不觉中说出这样的话。“上学的时候真好啊！”因为是学生，所以这个世界对我们很宽容。这也使我们认为就算进入社会，自己也是被保护的对象，这个世界对象牙塔中的人总是很温柔的。但当我们离开校园、步入社会的瞬间，一切都会改变。一言以蔽之，就是社会对所有人都一样残忍。学校里学到的东西在社会上并不是全部通用。

与平等公平的校园生活不同，社会上总是存在着某种不公平的因素。如果校园生活是让我们在树林中安逸地成长，那么社会则是把我们赶到悬崖边缘，期待我们自我成熟。二者的生存法则有着本质上的差别。所以我们需要忘记校园生活，一切从头开始。在校园里，偶尔撒娇耍赖也有作用，但在社会上，这种姿态一开始就会被排斥。总而言之，社会生活要比校园生活艰辛许多。

在英国，为了帮助上班族掌握沟通技巧，曾经开设过戴尔·卡耐基的讲座。本来是希望能够给上班族带来温暖的关爱，得到他们的肯定，但现场的实际情况与预期效果背道而驰。有一位参与培训的学员在听讲座的整个过程中都愁眉紧锁。讲师没有安慰他，反而开始刺激他。

“你现在一定很难过吧？别搞笑了，其实你的事根本不值一提。”

有这么恶劣的讲师吗？学员本来就已经很难过了。果然，这位学员无法压制心头的怒火，他霍地站起身，随即抓起椅子准备朝讲师砸去。就在这时，讲师微笑着说道：“看来真的积怨很深啊！现在你可以尽情发泄了。”听罢讲师的话，学员泪流满面，主动跟讲师握手言和。因为他本来想发泄的对象就不是讲师，而是自己的顶头上司。

讲师开始向其他人提问。

“如果你是我，会如何安慰这个人呢？”

“我会建议他去打拳击。在沙袋上贴上老板的脸，多打几拳也就消气了。”

顿时，气氛压抑的现场爆发出一阵笑声。虽然学员们脸上仍挂着笑容，但是他们变得满脸真诚，大家一边倾听讲座一边思考如何在工作中开展有效的沟通。

“打过那几拳之后，再见到领导的时候可能会有一丝愧疚感，因为我那时好像出手太重了。”现场再次爆发出一阵笑声。讲师面带微笑丢出了第二个问题。

“与此相反，如果你是领导，却因为自己手下的人而痛苦不堪，你们又会如何解决呢？”就像领导让我们抓狂一样，因为手下的员工而抓狂的领导实际上也不在少数。

“我手下有一位职员，简直就是榆木脑袋，因为他，我开始抄录《圣经》。”

大家依次发表自己的见解，建议刺十字绣的、建议陪孩子们玩耍的、建议开门见山谈一谈的……最后，讲师指着刚才准备扔椅子的学员开口说道：“现在说不定你的领导也在因为你而抄录《圣经》。”

说来也奇怪，听罢这句话，学员脸上的愁云一消而散。

在校园里就算没有特别的目的，没有特殊的理由，大家也可以自然而然地建立起人际关系。但在社会中，这一点绝对无法实现。大家都是以明确的目的为前提建立人际关系的。虽说交往是有目的性的，但是想要一直维持这种关系也绝非易事。大家花费了很长时间，但互相都无法完全理解对方的诉求。在这个过程中，大家心生嫌隙，产生矛盾。在这个时候，一味地埋怨对方，试图宣泄自己的愤怒，并不是一种理智的行为。找个恰当的时机，大家面对面来一场深度沟通固然是一个好主意，但是并不是每次都能创造出这样的时机。

因此，学会自我消化委屈与愤怒可以说是最理想的处理方案。想要自我调整的前提就是要学会理解对方。在学生时代，可能会有更多的人愿意退让，愿意换位思考。因为学生时代的我们心态平和、更容易明辨是非。但是在社会里，你如果想要征服对方的心，首先就要主动去交流。

不知道为什么，我们总是对“开始”心怀过度的焦虑。大部分人都希望在一个相对稳定的环境中迈出第一步。但是，这个社会并不欢迎新人。仔细想一下，在这个世界上，学校好像是唯一一个喜欢新人、优待新人的地方，而社会更欢迎有经验的人。所以说那些高端、收入丰厚的职位基本上与新人无缘。所以，比别人更快积累到更多经验才是唯一的捷径，就算是需要熬夜加班的岗位，只要对我们的成长有帮助，那就应该欣然接受。

“让我长期驻职外地，领导是希望我主动申请离职吗？真搞不清楚他们在想什么。”不管是谁，当被安置到自己不喜欢的位置时，都会产生强烈的恐惧感。在学校里的时候，只要我们肯努力，还是可以在自己想要的位置上生活的。但是在社会上却并不是这样。我们不是在自己想要的位置上活着，而是被安排在别人觉得适合我们的地方。这个时候不要觉得这个社会凉薄无情，要把这看成是一种“机会”。虽然目前我们所处的位置并不理想，但是只要拼尽全力去奋斗，总有一天我们会迎来成长的机会。

在校园里，有很多管理学生的规定，这些规定都是为了能让学生们顺利毕业。但是社会却不是这样。我们只能靠自己来约束自己。“讨厌现在的领导”“现在的工作不适合我”，以这样的理由说服自己换一份工作固然也是一种应对方法，但是这种方法却并不明智。相反，从某种程度上正视这些矛盾则是更好的应对方式，因为这可以带来提升自我的契机。同样以菠菜、咸菜条、胡萝卜为原料，有的人可以做出美味的紫菜包饭，而有的人不仅不会做，还会一味地抱怨材料不新鲜。真正的匠人永远都不会埋怨工具。不管是学校，还是社会，最终都是我们的归宿。

毕业典礼晚宴的当天，我的同学们都系着领结、穿着晚礼服，手挽父母，带着明媚的笑容出现在学生礼堂。在人群中我看到了我的准女婿，他公司的事情应该挺多的，怎么会出现在这里？也不知道他的项目最后花落谁家了。这时准女婿一把抱住了我，在我耳边悄悄说道："丈母娘，我发现我在公司里好像还能学到更多的东西。"

"你能这么想太好了。那个项目怎么样了？"

"我埋头于准备项目，连续熬了好几夜，向领导们展示了我能够胜任业务的实力。"

"好女婿，你真了不起！"

在除了社会以外的其他地方，比起实力可能更讲究情义，更加人性化。但是社会却是一个只能靠实力来决定胜负的世界，因此社会上的竞争远比其他地方的竞争更激烈。在残酷的竞争中，我们需要的武器只有一个，那就是“实力”。有时候我们会因为实力不足而陷入窘境，可是我们要知道没有人从一开始就样样精通。在突破窘境的过程中，我们的实力也在不知不觉间得到了提升。

不要抱怨这个过程太痛苦，就算当下情况没有立即好转，就算觉得自己很悲惨，也不要难过。相反，这个时候要正视自己，“太好了，这样就能学到更多的东西啦！”要给自己诸如此类的积极心理暗示，只有这样才能得到更多的成长机会。

从镜头中看到的世界与真实的世界总是存在种种差异。真实的世界可能比镜头中的世界更美好，也可能更糟糕。所以摄影师都是先了解世界，再把视线聚焦于镜头中。只有这样才能更好地展示这个世界。

学校就好比是一个镜头，我们从中看到了社会这个真实的世界。通过学校了解到的世界，可能并不是这个世界的全部，不要因此而产生被欺骗的感觉。就像镜头无法包容整个世界一样，在校园中了解到的社会也不可能是社会的全貌。毕业了，如果真的进入了社会，那么就将视线从镜头中的世界收回来，去瞧一瞧最真实的世界吧。经历了这个过程，我们成为了上班族，也成了这个社会中的一分子。尽管如此，校园里学到的东西在社会中并不是一无是处。如果你心中铭记校园中学到的道理，那么这个世界的美好就逃不过你的眼睛。

没有倾听，就没有倾诉

倾听让我们获得智慧，倾诉为我们带来遗憾。

——英国谚语

“上了年纪，要少啰唆，多花钱”，韩语里有这样一句俗语，用来劝导老人应该如何与年轻人相处。当我的人生也到了这个阶段，我一面心中觉得凄苦，一面不得不认同这句话是有道理的。作为人生旅途上的前辈，看到年轻人在弯路上徘徊，我总是忍不住想要帮助他们，想要给他们一些启示，告诉他们哪条人生之路更加平坦。我想把这些人生启示分享给我的子女、我的孙子孙女以及更多的人。我之所以想这么做并不是因为我知道的越来越多，而是我对人们的爱越来越深沉。

在那个互联网信息并不泛滥、事实和真理需要靠口口相传的年代，“老年人”的生活智慧极受推崇。

回顾我的过去，有些话就像是时间留下的记录，让我至今回想起来都记忆犹新。小时候爷爷奶奶坐在柿子树下给我讲的老故事便是如此。在那个时代，大酱的制作方法、出现月晕意味着要下雨、要根据节气栽种植物等，这些口口相传的生活智慧与常识都被视为至宝。

现如今，别人家的传家之宝是否值钱，每周日打开电视就能看到相关的品鉴节目。就像悠久的传统与经验之谈如果不能带来经济上的回报就无法被重视一样，祖辈们的故事与劝诫也是如此，着实让人焦心。

但是仔细想一下就会发现，问题不是因为不诉说，而是因为不倾听。说话者不关注倾听者的诉求，倾听者也不接受说话者的建议，如此一来，大家根本无法进行有效的沟通。

为了缓解一天的疲劳，我有的时候会去洗浴中心。在洗浴中心我总能遇到比女儿年纪还小的年轻朋友，便开始跟她们聊天。我们的聊天内容也没有什么特别的。“刚才看你们跳鸟叔的骑马舞，你们对他是什么看法？”英国人在日常生活中就习惯于这种讨论的氛围，所以这样的话题并不尴尬。但是在韩国，如果你跟特别年轻的孩子谈论这样的话题，他们会觉得很有负担，并开始疏远你：“这位老奶奶到底想说什么？”他们脸上写着这样的疑惑，不由得开始打退堂鼓，拒绝沟通。而我其实只是单纯地想了解一下年轻人的看法而已。我并不是想要趁机唠叨他们不要沉迷于舞蹈，要专注于学习。我只是想跟年轻人进行沟通与交流，去接触一下我所不了解的世界。

因为我在校园里工作，所以哪怕我不开口提问，仅仅是侧耳倾听就能了解到这些热血青年的近况。说句实话，我一直认为这是我最大的幸运。留学生们都选择怎样的兼职来维持生计、跳舞的年轻人在哪个舞蹈工作室听谁的课、在路上唱歌的孩子是为了哪个试镜而刻苦努力、最近的年轻人对什么感兴趣，等等，除了普通的恋爱话题与前途困扰外，我能了解到很多其他的东西。比起花费时间一个人看热播的电视剧、去人气餐厅品尝美食并拍照分享，花费时间与构成这个世界的活跃分子们沟通，让我觉得更实惠、更充实。对新晋流行的事物感兴趣并不是一件坏事，这能帮我们了解人们的内心所想，拓展我们思维的深度，也巩固我们与他人的关系。自然而然地，我们的倾听欲望也会越来越强。

最近，有很多人邀请我与他们谈论这样或那样的话题。我并未染色的斑白头发好像给人一种智慧、稳重的印象。当我受到邀请去开导他们的时候，那些会倾听的人总是让我觉得他们很有风度、很真诚。

自说自话的人没有风度，虽然可以夸夸其谈的人很多，但是懂得倾听的人却很少。那些用心倾听别人故事的人，不管到哪里都是不可或缺的人物。前任英国驻韩国大使韦德颖爵士（Sir David Wright）就是这样的人。

在这个世界上，还有比能够与人维持良好的互动更幸福的事吗？如果互动的内容是互表关怀，那么会给我们带来一份好心情；如果互动的内容是互相馈赠，那么这些物品也会成为我们一生的珍藏。对说话者的发言给予适当的响应，这样的倾听者尤为难得。1992年，我在负责EBS TV（韩国教育电视台）的“BBC英语”节目时，首次遇到了韦德颖爵士。这是我第一次在英国电视台做采访类的节目，从嘉宾邀请到现场采访都由我一个人负责，这个节目对我来说有着与众不同的意义。

整个电视节目的录制，我需要全程用英语与受访者沟通，然后配以韩文字幕播出。在这个节目中，我不仅采访了热情十足的牛津大学校长、学院负责人、诺贝尔医学奖获得者以及使用英语的国家驻外大使，还采访过《金融时报》的特派记者等媒体相关人士。当时作为独家英语类栏目，我的栏目很受欢迎，很多报社对我很感兴趣，还有几家电视台多次采访过我。这个经历为我现如今运营“牛津之声”打下了良好的基础。

如果当时我没有积极参与这个节目的策划与录制，可能现在我所从事的工作就不会是“牛津之声”。采访世界知名学者，选定几个方向，与他们讨论与牛津大学相关的话题，并游刃有余地驾驭整个采访过程，令我第一次发觉自己有这方面的才能。现如今每次我准备采访他人的时候，都能回忆起当时的激动与紧张，这让我发自心底地觉得满足。

韦德颖爵士于1990年至1994年期间担任英国驻韩大使，我1992年首次采访他，聊了有关韩英关系及教育领域的相关话题。虽说是一档语言类节目，但是随着采访的深入，我们聊的话题也越来越有深度。他说起话来是典型的英国人风格，整体语调平和，前言后语脉络清晰。

节目播出之后，这期节目又被出版成书。在与英国文化院开完会以后，为了把出版的书转交给大使先生，我去了大使馆。本来想转交书后轻松地离开，却意外地接到了大使秘书的电话。秘书说大使先生对电视节目很满意，想亲自见我一面。

通过了层层安全检查，我跟大使先生面对面坐下，继续交流之前采访时谈论过的问题，比如通过发展英语教育促进韩英关系，等等。说句实话，在节目录制现场采访他的时候，我曾一度怀疑他是不是无视我的存在。可能是文化差异吧，如果说韩国是电话文化，那么英国就是书信文化。最开始我是与英国大使通电话沟通确定了采访日程，但是我们就算在同一个地方，他也不会直接找我沟通，所有的事项都由秘书转达，我觉得很尴尬，也很不方便。后来我渐渐了解了英国的文化才知道，英国人在处理公事的时候一定会安排第三方在场，这是不可或缺的条件。如今在参加重大会议的时候，我也会与同事及手下的职员共同参加，以免遗漏什么重大事项。

那时候我不知道这些，因此我总觉得他没有用心听我说话，感觉很失落。

那次会面之后不久，我与大使先生又在一次晚宴上见面了，这场晚宴是大使馆主办的，邀请我们夫妇参加。现如今想来，大使先生完全可以不邀请我，但是他似乎很感谢我，同时对我也有一丝愧疚。大使先生邀请了很多贵宾前来赴宴，但他却执意让我坐到他身边。坐在晚宴主办者的身边有一层特殊的含义，那就是向前来赴宴的客人们传递一种信息，“身边的人对我来说有着非凡的影响力”。总而言之，这对我来说是一种荣幸。在晚宴现场，我与前外务长官李东源等知名人士继续畅谈那些我们在采访的过程中未涉及的话题，整个晚宴既充实有趣，又让我备感真诚，更让我发自心底觉得优秀的倾听者就是优秀的领袖，而优秀的领袖也是优秀的发言人。

感觉到我可能有一丝不愉快，帮我打开心结的大使先生让我倍加尊敬。如果不是跟他有这样一段愉快的经历，我甚至都不知道自己现在会不会从事与英国相关的工作。我在英国学了英语，回国之后，发现到处都有地方招募英语讲师。所以我可以尽情挑选令我满意的工作，那个时候我的自信空前膨胀。加之年轻人血气方刚，根本意识不到要谦逊低调。我从来没有考虑过为了能让我安心工作，丈夫与我的父母一直在我的身后默默照顾我，我一直误以为是我自己有才能才过上了如此生活，就在这个关头是大使先生让我知道了什么是“谦逊”。自尊心强的人总是不忘保持谦逊，谦逊让他们看起来更加风度翩翩。

原任利物浦大学校长、现任贝利奥尔学院院长的德拉蒙德·博恩（Drummond Bone）也是一位优秀的倾听者、优秀的领袖。他的嗓音沙哑，操着苏格兰口音，是一位名副其实的行动派。他总是会默默倾听对方的意见，如果他认为你的建议不错，就会全力支持你。提起优秀的倾听者，很多人会首先想到安静且沉默寡言的人，见到德拉蒙德教授之后，我觉得人们的这种先入之见可能是错误的。认真倾听对方的话是一种表示信任的行为，也是能使人感到心情舒畅的最好方法。

不久以前，有一位后辈前来找我诉苦。她下班回家以后，母亲总是抓着她一起回忆陈年旧事，一直到深夜，不让她睡觉。作为大龄剩女在外面上班的女儿和整天无所事事待在家里的母亲的形象，顿时出现在我的眼前。独自一人抚养三个孩子，所谓的爱好不过是在木箱里种种生菜、辣椒，在壶里面养养豆芽，对这样的母亲来说，在毫无准备的情况下到来的老年时光该是多么空虚与无聊。

对于人生之旅已经过半的人来说，白天的时光总是很短暂，日暮时分总是来得很早，伴随其中的是深深的孤独感。

现在人们都是住在公寓里，闲来无事与邻居们闲话家常，这已经是很久远的事情了。虽然她是我真心喜欢的一位后辈，但是那天我还是指责了她，说她不是一个好女儿。

母亲从孩子咿呀学语开始，就一直用心倾听孩子的每一句话，反复揣摩孩子的心思。为了与孩子们继续互动，母亲总是一边微笑，一边反复夸奖。母亲不正是那个默默照顾了我们数十年的人吗？晚上涂好补水面膜坐在电视机前，花费一两个小时听听母亲的话，有什么难的，至于要甩门直接回房间吗？我为后辈的母亲打抱不平。

虽然我对后辈说了这样的话，但是我也是时隔许久才给远在全州的母亲打了一通电话。妈妈笑着问我什么时候回韩国，我说妈妈和姨妈可以互相倾诉、互相陪伴是一件再好不过的事儿啦，就这样，简单寒暄几句后我们挂了电话。当我们忙碌辛劳时，当我们独自品尝失败的苦果时，或者我们想跟别人炫耀时，那个安静地坐在我们身边认真倾听的人，真的是心灵美好的人。

对我来说，不管是发邮件还是打电话，总有可以倾听我说话的儿子、女儿、儿媳妇、女婿，可见我的人生是多么幸福。最近我下定决心要通过日记的形式把我每天体验到的小小感动传递给我远在他乡的孙子。因为我怕孙子长大之后我想对他说的话太多，却没有时间都说给他听。在这本日记的首页，我想写下这样的话：“我对你没有这样那样的要求，只希望你成为一个懂得倾听、有绅士风度的人。”

不要将“不可以”藏在话尾

现在我们身处何处并不重要，重要的是我们前进的方向。

——奥利弗·温德尔·霍姆斯

那是去年春天，我参加完在牛津剑桥俱乐部举行的招待会以后，走在回家的路上。我看了一眼表，是晚上八点。本来我打算坐火车去城郊的女儿家，但时间好像有点儿紧迫。我给女婿打了电话，他邀请我跟他一起回家。除了等待，我无事可做，突然觉得有点儿饿。想想刚才在招待会上我只喝了一杯红酒，吃了一块奶酪。为了填饱肚子，我去了唐人街，一家韩餐厅映入眼帘，想到热气腾腾的汤在等着我，我毫不犹豫地推门而入。一位老板模样的年轻人正在与职员们聊天，气氛特别融洽。

我点了豆腐汤，在等待上菜的间隙，我与老板互通了一下姓名。他是一位四十多岁的中年韩国人，说叫他“洪老板”就行。聊着聊着他就跟我说起了他来英国做生意的原委。

他曾经在一家生意不错的维修设备公司上班，因遭逢经济危机，不得不离职。经济形势整体萧条，他到处投简历找工作，但是没有一家公司肯收留他。在烦恼了一段时间后，他决心干体力活维持生计。

虽然俗话说“没吃过猪肉还没见过猪跑”，但是实际情况却不像想象中的那么容易。不能如此一直虚度光阴。他下定决心，把存在银行里的定期存款取消了，取出了一个月的生活费并买了机票。为了再拼一次，他决心把钱花在自己身上，并开始收拾行李。他说越是困难的时候，越应该学点儿新东西，但是一般人并不是这样想。在二十九岁的年龄远赴英国学习语言课程，只有未婚男性才有这样的勇气。像我这样一把年纪，在完成了家庭赋予我的使命之后再开始学习固然是一个方法，而他早早就决心寻找新机会。

在当时的英国，学生兼职语言课程的讲师是合法的。洪老板一边在学校上学，一边在一家紫菜包饭小店打工学手艺。顶着大龄的压力在异国他乡奋斗，身上总是会散发出一种真诚与迫切。他干活卖力，因此得到了小饭店老板的赏识，获得了就业签证。从那之后他继续跟着饭店老板学习，最后不仅获得了永久居住权，还拥有了属于自己的韩餐厅。

虽然我跟他相处的时间有限，但我觉得他对自己员工的照顾无微不至。他说回想起当初的艰苦时光，就希望为这些打工的学生创造一个舒适的工作环境。在自己困难的时候接受了别人的帮助，成功之后不忘初心，主动去帮助更多的人，把这种想法付诸实践绝不是一件容易的事……我去厨房看了一眼，发现了很多尼泊尔人。

“我跟他们说我就是在厨房里认真学习才拥有了今天的一切，因此大家都满怀憧憬地工作。”

在英国，厨师是很受尊敬的职业，而厨师们也都自信满满、埋首工作。看到前来参观厨房的我，有一位尼泊尔员工操着一口流利的韩语跟我打招呼。

“请问您是在找洗手间吗？”

我问他店里的顾客主要都是什么人，他回答说顾客大部分是有钱的中国人。他接着说很多人一起光顾的时候，总是点很多菜，每道菜都尝上几口，以后一个人来的时候就只点喜欢的一道菜，比如说排骨汤，吃完之后就打车走了。我们正愉快地谈论着韩国留学生的事儿，女婿麦克看到我发给他的短信，来到唐人街找我。结束了一天的工作，他一定很辛苦，却打车过来接我，我很欣慰，见到他就给了他一个大大的拥抱。我跟洪老板说以后还会再来光顾，随后离开了这家韩餐厅。

不管去哪里，我都喜欢找那些有着明显的生活气息的人聊天。虽然大家生活在同一个时代，但是没有任何两个人的言行与想法是一模一样的。有追求梦想的人，有金钱至上的人，有求知若渴的人……对每个人来说他们心中最重要的东西都是不同的，因此我很享受与形形色色的人聊天的过程。因为他们看问题的角度及见解与我并不相同。有一群人在困苦的生活中坚定不移、从不动摇，了解了他们的生活经历之后，我们就会发现他们有一个共同的特征，那就是从来不去比较自己和其他人谁更幸福，并且在危机面前从来不会踟蹰不前。

身处困境的时候，每个人都会退缩。如果思想停滞不前，那么就无法指挥身心前往我们向往的地方。面对艰难困苦不退缩，努力打破现实的枷锁，将人生推向更宽广的舞台，我希望像洪老板这样的人越来越多。在回家的路上，我心中一直为洪老板喝彩加油。

因为我是女性，因为我是妈妈，因为我未婚，因为我年纪大了。

在生活中，我们总是会给自己贴上这样那样的标签，而这些标签往往是多余的。当你想要展翅飞翔的时候，这些标签就成为你的绊脚石。不是所有的女性都能成就一番事业，不是所有人在二十岁时都在埋头学习，也不是所有的未婚人士都在拼命赚钱。就像这个世界上的花不是同时绽放、同时凋谢一样，每个人展翅高飞的时机也不尽相同，这取决于每个人的努力及决心。专注于眼前的工作，不时地调整一下自己的步伐，我们生活的舞台就会越来越宽广。

我既要在英国生活，也要在韩国生活。我既身为人妻，又身为人母。我有着外婆、婆婆及丈母娘的多重身份。根据时间与场所的不同，我所扮演的角色也不尽相同。环顾周围，大部分的人都是如我一般这样活着。很多人因为自己并不身兼数职，就放弃改变生活状态或拓宽人生舞台。在我成为两个孩子的妈妈的时候，我明白了将人生推往更宽广的舞台对自己来说是有利的选择。所以我认真学习英语，在把两个孩子送进大学以后找到了自己的路。后来我认真观察周围的人，发现有很多人在更艰苦的环境中努力改变了自己的人生轨迹。

“找不到合适的工作，我好难过。”

有一次，我从英国飞韩国，飞机上坐在我前排的年轻女孩对我说了这样的话。她的眼中写满了不安，她说她投了很多求职简历，但是每次都落选，因而心理压力很大。

她虽然想过留学生活结束后留在外国就业，但是因为不喜欢这条路，所以准备回国试一试，可是这条路也同样充满艰辛。

看着这个女孩，我就想起了丈夫的得意门生。丈夫有一位血气方刚的中国爱徒。她对学习充满了热情，在首尔大学读完了本科及研究生的课程。在拒绝了中国最好的医院提供的就业机会以后，她与全家人一起奔赴英国，在牛津完成学术研究后成为首尔大学医学院的教授。她的丈夫为了照顾学小提琴的女儿留在英国，开了一家韩餐厅，两个人过着分居的夫妻生活。如今，她眼看要进入不惑之年，但对于自己的选择，她并不后悔。我觉得她的故事可以激励前排的女孩，就把这一切讲给她听。

“如果不是非得要在韩国就业，那就在国外找找机会。”

这个时代最重要的就是自我竞争力。在韩国，人才济济，竞争十分激烈。对韩国企业来说，与其选择长期在国外留学的毕业生，不如选择外语能力优秀并且可以更好地理解并适应韩国企业文化的优秀本地人才。因为不喜欢在国外工作、因为自己是韩国人，就固执地非要在韩国工作，我觉得这不是明智的解决方案。

这个女孩的专业是服装设计，她的优势不仅仅是擅长英语。她看起来比较乐观，也比较善解人意。我们互相交换了联系方式之后，这件事就被我淡忘了，但是不久之后她却主动跟我取得了联系。她说正是因为听取了我这位“老年人”的建议，如今她已经在一家英国时装公司上班了。

“那时您对我说的话让我很受触动。本来我觉得就业困难，心存恐惧，但听了您的话后，我决定拼命努力一把，果然成功了，真是太谢谢您了。”

与其临渊羡鱼，不如退而结网。我们心中怀揣的勇气，如果你不经常使用，就会在不知不觉中消散。勇气也是有保质期的。但是很多年轻人并不了解这个事实，从不轻易鼓起勇气，这让我备感焦虑。重重摔倒之后再站起来，会在这个过程中变得更强大、更成熟。想要登上安第斯山脉，就要拥有与之匹配的气魄、体力和勇气。虽然这些潜质人人都有，但却不是每个人都能把它们发挥得淋漓尽致。我们需要反省自己是不是拥有良好的潜质却不懂得如何利用。

有一个青年创立了一家体育公司，尽情收集自己喜欢的运动鞋。他大学毕业以后，去了德国一家知名的体育公司实习。如果这位青年仅仅是通过打工攒钱收集自己心爱的鞋子，他不会给我留下如此深刻的印象。他找到了能使自己成为主人公的人生舞台，并踏上了另一段征程。如果不去实践，所有的想法只能是空想。缩短梦想与现实之间的差距虽然需要依靠个人的努力，但是告诉他们行之有效的方法也是我们不可推卸的责任。我总是会劝说那些受经济条件所限暂时无法展翅高飞的年轻人，让他们参加语言进修、挑战兼职工作或海外实习。在发达国家，教育制度很完善，只要你足够勤快，绝对可以自己赚钱完成学业。我曾认识这样一个人，他去国外时，口袋里除了一张机票空空如也，经过七年的努力，他完成了服装设计专业的学习并回了国。

不久之前，我有幸参加了牛津大学举办的一场招待会。包括《科学》《自然》等期刊的优秀主编在内，众多媒体从业者欢聚一堂。对英国人来说，为了自身的发展，他们愿意花费大量的时间与精力去建立人脉。招待会在伦敦举行，虽说我也可以独自前往，但我还是叫了同事A与我同行。A平时不爱发表自己的意见，他甚至对自己工作的领域没有明确的认识，我之所以叫上他，就是希望他能提升自己建立并维护人际关系的能力。

“A，在这里我们就不是同事了，这里是社交场所，我们是为了享受成长的过程才来的。”

我们分头走向不同的方向，我进入的房间里不仅有在校的学生、退休的教授，还有在职的媒体工作者，大家热情高涨地讨论着。每个房间讨论的内容都个性鲜明，那些刚刚下班参与进来的上班族也随处可见。看着他们的模样，我就想起了韩国的年轻人，我希望有更多的韩国年轻人可以积极地去搭建属于自己的人生舞台，可以胸怀更宽广、享受更美好的世界。

辑三　你所邂逅的人就是你一半的人生

每个人都有自己的房间。房间既是独处的空间，也是与其他人一起聊天、一起喝茶的空间。直到后来我才明白，我们需要与他人分享人生中的喜怒哀乐，然后携手并进去生活。

不管流言蜚语，不遗余力地奉献吧

努力使每一个与你邂逅的人在离开你时都变得更完美、更幸福。

——特蕾莎修女

一扇紧闭的门，虽然可能会使人感到郁闷，但也带来了无法名状的安全感与舒适感。当我们想远离外界的喧嚣，一个人待着的时候，我们常常会关起门。当然，当我们想去外面的时候，又会打开门。但是试着想一想，门之所以存在，并不仅仅是为了出去。让别人进到我们的房间来，对于门来说也是一项重要作用。当一天的紧张日程告一段落，我常常会细数一下今天都有谁来过我的房间，同时也憧憬着明天会有更多的访客到来。

从南非来留学的印度裔朋友娜丽莎一开始就邀请我去她的房间做客。说实话，目前我们还谈不上亲近，她却毫不迟疑、开诚布公地向我说明了她的情况。

“我爸在南非开公交车，我们家特别穷，还有一个双胞胎弟弟需要我照顾。”

也就是说，她的家庭条件绝对无法支撑她来英国留学。她口中所描述的南非生活可以说是窘困至极。每天一睁开眼睛就得忧心今天要靠什么来填饱肚子的生计问题，学习近似于奢望。但是娜丽莎却怀揣梦想。比起自己衣食无忧、生活安乐的梦想，她的目标更为热切，那就是无论如何要使自己的祖国摆脱令人厌烦的贫穷。为了离梦想更近，她拼命专注于学习，最后终于来到剑桥大学留学，之后又进入牛津大学攻读博士。

但是遗憾的是牛津大学与剑桥大学不同，无法为她提供全额奖学金。无奈之下，娜丽莎只好向银行申请助学金贷款。

加之在英国，外国留学生需要缴纳的大学学费是本国学生的两倍以上。这都源于撒切尔首相的教育政策。撒切尔夫人在任期间，大幅削减教育预算，取而代之的是向外国学生收取高额学费的政策。因此，在牛津大学，撒切尔夫人很不受欢迎。甚至因为教授们的抵死反对，学院还取消了预授予她的名誉博士学位，尽管撒切尔夫人也毕业于牛津。

娜丽莎既要学习还要打工，并没有多少时间可以享受个人生活。甚至当她在图书馆兼职搬运书籍时不慎伤到了腰的时候，依然在我们面前微笑如初。跟她待在一起，我总会觉得我充满了前所未有的热情和力量。虽然娜丽莎生活窘迫，但是却没有一个人觉得需要给予她同情。相反，大家只会为自己感到羞愧，因为自己远不及她坚强，远不及她活力澎湃。在如此艰难的环境中，娜丽莎还一肩承担起管理宿舍的职务，可见她很有领导才能。她嘴边总是挂着一句话："我一定要成为南非的领导人。"

有一天，娜丽莎再次对我发表了她的豪言壮语。

"我要参加研究生院学生会会长的竞选！"

听罢的瞬间，我甚至不敢相信自己的耳朵。“牛津大学的学生会会长？”步入社会的时候，牛津大学研究生院学生会会长这一头衔可是无与伦比的巨大优势。在牛津大学，学生会会长的职责类似于国务总理。学生会会长需要定期与包括学院长在内的教授举行会议，就重要的事项与学生们一起讨论、传达教授指示，等等。娜丽莎就是要挑战这样的职务。听过她的豪言壮语的朋友都吃惊不已，甚至忍不住觉得有一丝荒唐。首先，娜丽莎是一名女性（牛津大学相对保守，在一百多年前根本不录取女学生），是外国人，而且经济条件困难。从客观现实的角度来评价，娜丽莎的这次挑战是有勇无谋的。但是我却没能明确地判断情况，第一反应就是拍手叫好。

“还有人比娜丽莎更适合担任学生会会长吗？她将来可是要成为南非领导人的。如果落选的话怎么办？无论如何想办法让她成功当选吧！学生会会长而已嘛！”我的多管闲事、争强好胜不知不觉间占据了上风。

从那天开始，我开始用自己的私房钱帮助娜丽莎做竞选准备。我的主要任务就是印制宣传条幅让往来于校园路上的学生们了解娜丽莎。虽然我不是王者，但是我在帮助别人走上王者之路，这让我的内心很满足。但是，选举并不像我们想象中那么简单，因为娜丽莎的对手是一位来自美国的了不起的人物。且不说支持他的学生比较多，帮他竞选的后援团人数也不是我们所能及的。除此之外，他还获得了现任会长的大力支持。跟他相比，我们不过是南非人与东方人联手打造的“非主流阵容”，是小股的势力，甚至没有资格被称为“在野党”。可能正是因为这些强烈的对比，一向坚强的娜丽莎在选举前夕也不得不洒下热泪。

“我太鲁莽了。不管怎么样，这次我一定会落选的。以我的条件怎么可能胜任学生会会长？我只要乖乖打工就对了。”

她的脸上写满了对朋友的愧疚和内心的挣扎。我不知道应该对她说什么。我能给她带去的安慰就如同一块甜甜的曲奇一般，微不足道。

“不要太担忧了。把你坚强勇敢的一面展现给大家，你就已经赢了。学生会会长这个头衔并不是最重要的。”

话虽这么说，但是事实上我却不能就此坐以待毙。

“牛津大学研究生院学生会会长竞选的事，你知道吗？”

我开始代替气馁的娜丽莎，独自一人到处奔走宣传。可能比起学习，在煽动、感染别人方面我更具天赋。偶尔在路上遇到朋友，我顾不得跟他们解释事情的来龙去脉，就会强迫他们投娜丽莎一票；我还给朋友们发邮件、发短信，半撒娇半威胁地说如果他们不参与选举，我就跟他们绝交。总而言之，我使用了一切我能使用的手段。

在选举当天，我以监票人的身份代替候选者参加了选举。我这个一把年纪的韩国女学生不专注于学习，却冒冒失失地对选举活动一腔热血，研究生院的学生们似乎对我的表现很感兴趣。他们三三两两聚过来，纷纷与我打招呼。

“我们相信你，直接投票给娜丽莎行吗？”

“你为什么要威胁我？你可知道为了你我今天推迟了打工，特意赶过来投票。”

“你的报告都写完了，还有心思参加选举？”

在学生时代兴趣寥寥的选举为什么如今让我如此热情高涨，我也说不清楚。就算娜丽莎成为学生会的会长，我的人生也不会因此而有任何改变。她说等她成为学生会会长以后，让我作为学生会的成员跟她一起开展工作，但是我已经郑重其事地拒绝了她的提议。以现在的支持率来说，这场选举我们必败无疑。但是可能是我们这种“非主流”的组合更让人觉得新奇，总之我们鲁莽的挑战举动吸引了很多人的注意，最后我们的支持率远超去年的投票率，娜丽莎以压倒性的胜利成功当选为学生会会长。

选举的风波平息以后，我的生活再次恢复了平静。但是我的学习任务已经堆积如山。为了完成各种作业，我不得不每天凌晨五点起床直接奔赴图书馆。“就算是在正常情况下，都难以按时解决掉的课业压力，我到底是哪里来的自信，如此冲动去参与这样的事。”虽然这只是片刻的想法，但我确实是有点儿后悔了。

有一天，我突然接到了门卫电话，说有一个包裹需要我签收。嗅着清晨新鲜的空气，我独自朝校门走去，在校门口等着我的是一个几乎与我等高的花篮。花篮上拴着一张贺卡。“到底是谁送的呢？”我怀着激动的心情打开了贺卡，看到的是我所熟悉的娜丽莎的笔迹。

“献给这个世界上我最爱的Sunny。虽然我大放厥词说要参加会长竞选，但是其实我知道自己机会渺茫。明明知道支持我的人并不多，但是我还是开口请求你们帮我。Sunny为了这样的我投身竞选活动，对我来说简直就是一个奇迹。我知道你为我做了很多努力，这是我生平第一次感受到这样的温暖。因为你的付出，所以在竞选的前一天我没有放弃。真的，都要归功于你，Sunny。”

啊，这真是……在学生们急匆匆赶着去上课的校园正门前，我泪流满面。我胡乱抹着眼泪，直到那时我才恍然大悟自己为什么对竞选活动如此充满热情。那是因为娜丽莎是第一个邀请我去她房间的人。虽然她不好意思地对我说自己的房间寒酸简陋，但是她的房间却比我去过的任何一个房间更显惬意舒适。毫不掩饰地谈论自己的现状与过去，绝不是一件容易的事。人们总是希望向其他人展示自己好的一面，拒绝向陌生的人展示自己的不幸，害怕损害自己的自尊，害怕招来不必要的同情。正因为如此，我们很难邀请别人走进我们的房间。最大的问题是在漫长的人生中，我们可能会因此而紧锁那道门，再也不出去。

1988 年，当丈夫决定再次前往牛津大学进修的时候，我虽然很高兴，但更多的却是担忧：担心钱的问题。不管我怎么计算，飞机票、生活费、进修费等都是一笔很大的开销。以我和丈夫的性格很难开口请别人帮忙。就在我们一筹莫展、忧心忡忡的时候，我在西江大学的同事安吉拉过来找我。她多愁善感、喜欢掉眼泪，所以韩国的生活对她来说谈不上快乐。我也在牛津体验过背井离乡的异国生活，所以我对她也格外用心。我总是陪她去仁寺洞或者东大门，一边闲逛一边聊天。

安吉拉生气地质问我为什么决定了去牛津进修却不告诉她。难道她是怕我不在她身边，她不能适应韩国的生活吗？现在应该多多少少已经适应了啊，我的心中一片迷惘。

“看来我对你来说，算不上真正的朋友啊！”

“你胡说什么呢？你对我来说是多么重要的朋友啊！”

“那你为什么不请我帮你的忙？”

进修费用是很大的一笔开销，安吉拉其实心知肚明。

“接受别人的帮助不是什么丢脸的事情。你不是一个人，你是一个值得大家付出的好人。”她就是在质问我为什么遇到困难却不来找她帮忙。由此可见，我的心门对她来说也是紧紧关闭着的，甚至连她可以挤进来的一丝缝隙都不存在。打开自己的心门需要勇气，因为毫不避讳地阐明自己身处窘境需要勇气。我们的勇气就是我们的邀请函。后来在安吉拉的帮助下，丈夫获得了一家跨国公司的助学金。我并没有勇气主动打开门，是她的诚意叩开了我紧闭的门。因此我下定决心，要敞开自己的心门，只为了迎接那些重要的朋友。

每个人都有自己的房间。房间既是独处的空间，也是与其他人一起聊天、一起喝茶的空间。直到后来我才明白，我们需要与他人分享人生中的喜怒哀乐，然后携手并进去生活。

为今天而努力生活的人，不怕正视人生的阴暗面，因为他们对未来的光明心存向往。有人说这是积极的生活态度，有人说这就是希望。热爱生命中的每个瞬间，你自然而然就会拥有精彩的人生。

有一个人，终生不要遗忘

失去就意味着永远的伤痛，不得不承认这就是现实。我们无法阻止我们所爱之人的离去，我们需要学会接受他们离去的现实并继续用心生活。

——伊丽莎白·库伯勒·罗斯《死亡课》

因为我的工作需要往返于韩国与英国之间，所以我与丈夫分居两地，这种经历对我来说并不是第一次。过去因为孩子在国外读书，我们也曾经有一段时间分开过，那时候儿子和女儿都在英国读私立中学。值得庆幸的是，我收到了牛津大学的工作邀请，工作地点距离孩子们的学校有两个小时的车程，因此我可以照顾孩子们。那时候每到周末和放假时，我就会跟孩子们待在一起。每周我都会开两个小时的车去孩子们的宿舍，给他们送他们最喜欢的小菜。丈夫因为学院里的事偶尔也会来英国出差，我们也能聚上一聚。当然，我们能一起去看望孩子们就是最幸福的事了。

但是有一天我去孩子们的宿舍，他们却因为一点儿小事而争执不下。我远道而来，没有一个人抽空跟我打声招呼说“妈妈你来了”，两个人你一句我一句争执不休。

“你拿了我的铅笔就应该放回原处啊！”

原来这场争执的导火索就是弟弟用了姐姐的铅笔却没有归还。我静静地旁观了一会儿，终于沉不住气了。

“你们到底有完没完了？妈妈已经等你们多久了？”

我既觉得无可奈何又不想再跟他们发火，所以我放下小菜直接回到了车上。开车回家的路上，我的眼泪夺眶而出。两个孩子独自在外，我希望他们可以相亲相爱，可是他们却互相不体谅，为了小事争吵不休，连妈妈来了都顾不上看一眼。他们的举动让我想起了很久之前的自己。

“我的父亲也曾因为我如此难过吧！”

那时候我刚上班，与读书的妹妹一起在首尔生活。父亲打着监督妹妹学习的旗号，每周都要来首尔一两次。在我结婚以后，父亲还是保持着这样的习惯，因为让小女儿在已婚的姐姐家生活，他终归是放心不下的。父亲每次从全州来首尔，都会带很多亲手种的蔬菜及无公害水果给我们，托父亲的福，那个时候我们总是能品尝到新鲜的时令蔬菜及水果。

父亲不仅每次都给我们带很多东西，为了能多见见大女儿，他总是一大清早就赶过来。但是我从来没有跟远道而来的父亲说一句“您辛苦了”，每次都是急急忙忙冲出家门赶着去上班。极其偶尔的时候，我会跟他说一句：“爸，我得赶紧去电视台！要迟到了！”丈夫平时就少言寡语，很难亲切地招呼父亲。两个人又是丈人与女婿的关系，可能本身就很难毫无尴尬地交流，那么父亲肯定是独自一人呆坐在客厅里，休息片刻就回去了。父亲因为挂念我，所以不辞辛劳地赶过来看我，可我每次都让他失望而归。但我的这种反省已经太迟了。

那时候，我每天都很忙，我的主要工作是录制“BBC英语”节目，所以拍摄时绝对不可以迟到。虽说那时候我工作繁忙，每天都要争分夺秒，没有闲暇顾及父亲的情绪，但是如今换位思考，想到父亲的失落，我的心情就再也无法保持平静，再也无法控制泛滥的眼泪。从孩子们的学校到牛津需要开两个小时的车，开到一半路程的时候泪水已经模糊了我的视野，而我又不能中途停车。我享受着父爱，却从没有对父亲说过一句谢谢，心中满是难以抑制的自责。如今我知道愧疚也知道感恩了，如果父亲还健在的话……

“性希呀，我今天给你带的酱菜还合你的胃口吗？”

下班回到家，本来应该是我主动打电话问候父亲是否平安到家，但是却是父亲首先给我打了电话。在奔波忙碌中结束了一天的生活，我下班回家连打开冰箱的力气都没有，自然会觉得父亲的爱是理所当然的。但是不知道从什么时候开始情况逆转了，我就像曾经的父亲一样单方面地爱着我的孩子。在我接受父爱的时候并不自知，很久之后我才明白这种单方面接受爱的行为，总是会给我们留下愧疚和后悔。

父亲留给我的，不只有爱，还有许多其他的东西。我很有亲和力，我可以毫无距离感地与门卫大婶掰手腕，提醒她注意天气变化和个人健康。我能很快与陌生人打成一片，这让不少人略感惊讶，我的这些表现就是受到了父亲的直接影响。父亲努力帮助那些战争后生活步履维艰的邻居，与他们共同打造美好的生活；父亲每次看到沿街乞讨的人都把他们带回家，让他们吃一顿饱饭；父亲也常常去养老院帮忙。如今我的母亲仍会将儿女们给她的零花钱攒起来与亲手做的糕点一起送到养老院。

在那个所有人都生活窘困、饱受贫穷折磨的时代，在那个所有人都经历过饥肠辘辘、食不果腹的时代，父亲仍可以毫不迟疑地去帮助身边的人，他的这份从容与善良让我深感尊敬。只有三支铅笔，但是看到同桌连一支像样的铅笔都没有，便肯与他分享，这并不是一件容易的事。知道对方需要什么、知道如何分享，这不是一门简单的学问。

在我的人生中也有被定格的瞬间。1990 年，我还就职于西江大学，为了完成论文，我决定利用寒假时间去英国雷丁大学学习。父亲听说女儿要去国外学习，十分欣慰，悄悄地将他攒下的钱塞给了我。但是就在我抵达英国的第四天，父亲因为突如其来的交通事故去世了，他坚忍不拔的一生就这样落下了帷幕。

当时家里人都在犹豫要不要将这个噩耗告诉我。在那个年代没有手机，也没有电子邮件，就算他们把这个噩耗告诉我，我也很难按时回国参加葬礼，还不如先让我以平和的心态把论文完成，这说不定也是父亲的遗愿，因此家里人达成了共识。

家里人并没有将父亲的死讯告诉我。偶尔通电话的时候，也把整件事瞒得滴水不漏。天生不擅长说谎话的母亲也尽量回避与我通话。我很感激独自留在韩国的老公，他负责处理了与葬礼相关的一切事务。他还联系了我的朋友来参加葬礼，送我父亲最后一程，让他走得没那么孤单。

直到回国以后，我才知道父亲的死讯。母亲勉强跟我通了电话，她只说了一句话就痛苦不已。

“再过不久就是你父亲四十九天的忌日了。”

听了这句话，未能送父亲最后一程的伤心与对家人对我隐瞒的埋怨同时爆发，泪水倾泻而下。我站在父亲的灵位前大喊：“不正是因为您我才去英国学习的吗？您怎么能就这么丢下我而去呢？”连续几天我都痛哭不止，卧床不起。

很长一段时间内，我都无法走出父亲去世的阴影，虽说为了在英国留学的孩子们，我不得不重返英国，但是我的心一直留在父亲身边。每当我回忆起父亲都心痛不已，对自己的怨恨之情也与日俱增。我也不是要干什么大事业，为什么要去那么远的地方，都没来得及送父亲最后一程。对父亲的强烈思念与对自我的强烈谴责一直在我的心底盘桓，久久不能消散。

我一路流着眼泪，途经希斯罗机场，把车开到了夜幕笼罩中的牛津街。我不知道是我在开车，还是车在载着我前进。突然有一辆警车将我截下，从警车里走出一位警官。

“你超速……”

本想严厉指责我的警官瞬间迟疑了，因为他看到了我满是泪痕的脸。

“你没事吧？发生什么事情了吗？”

在那个瞬间，不管对象是谁，我都想跟他倾吐我内心的伤痛，但与我所想的不同，我竟一时无语凝噎。半天后我只勉强吐出了一句话。

“我想念我的父亲了！”

我很感激那位警官，他从我简短的话语中感受到了我深沉的悲痛。他只是站在一旁默默守护着将面孔深深埋在方向盘之间痛哭流涕的我。“你这样的话，你父亲会更难过的。咱们还是回家吧。你注意安全，跟上我们的车，咱们慢慢往回开。”

警官很善良，他表示想要护送我回家，我连拒绝的气力都没有。我的精神状态还是有些恍惚，警察走上前来，建议我打开车载广播，听听音乐可能有助于平复心情。他想得很周到。不知道是不是因为广播也猜透了我此刻的心境，放的是一首悲伤的歌，歌词的第一句是“如果现在你离我而去”。就在这悲伤的旋律即将达到高潮之时，我通过车里的后视镜看到了自己的脸，那是一张因为流泪而使妆花得一塌糊涂的脸。

无法控制心中的悲痛，在一位陌生警官的帮助下才能把车开回家，这个犹如傻瓜一般的我，如果父亲在天上看到我是这么一副模样，他会如何想？从小被他细心呵护、视若珍宝的女儿却不知道爱惜自己，父亲的心里该有多么酸楚啊！

我回到家之后径直走向冰箱，把冰箱里的食物都取了出来，挖了满满一勺食物胡乱地塞进嘴里。可能是因为掺杂了眼泪，我只觉得食物咸涩难以下咽，胃里也泛起阵阵苦涩。这时，我才有自信默默地在心里对父亲说：

“我一定会好好生活的。我会好好吃饭，会更加努力地工作，会重新成为那时父亲疼爱的我。我一定会做到的。”

有这样一句话，父亲将对女儿的爱深埋心底。我在写博士论文的过程中，总是会想起我的父亲。在遇到困难或感到疲惫的时候，我总是会默默望向窗外，回忆我与父亲共同度过的美好时光，久久地陷入沉思。我在论文的封面上写上了父亲的名字及“谨以此论文献给我的父亲”的题词。（写论文时，丈夫给了我很多帮助，可我并未写他的名字，被他发现之后，我主动请求他的谅解，他愉悦地表示可以理解。）当我写下题词之后，我的内心似乎得到了一丝安慰。

在孩子们让我觉得失落时，在父亲去世的季节到来之时，我心中对父亲的思念与悔恨总是让我感觉心中袭来阵阵寒意。每到这时，我都会用心祈祷，祈祷父亲可以原谅我无法报答他深沉的爱。对我们每个人来说，父母的爱不正是一辈子需要偿还的债吗？

丢掉挑选另一半的想法吧

重要的不是被爱，而是去爱。

——威廉·毛姆

“现在的男生真是没有风度和气度！”

丽塔是牛津大学的学生，她是那种远远望去就能一眼被发现的魅力女生。因为她在男生中人气很高，看起来不像是会因为男生而烦恼的人。有一天，她来到我的房间，跟我闲聊了几句之后就开始对男生品头论足。从结论来说，就是她跟我抱怨身边的男生缺乏魄力，而且没有魄力也就罢了，连点儿活力都没有。

当我了解了事情的来龙去脉之后，我才知道好像有一个喜欢她的男生一直在观望，迟迟没有表白，这让她十分郁闷。可能丽塔对他也有些许好感。也不知道是不是我的错觉，我总觉得现在的年轻男孩在女生面前越来越温顺。用年轻人的话来说，就算不是纯爷们儿，也至少要有一些男人的魄力。虽说丽塔与我相差三十岁，但是我们对恋爱的看法不谋而合。

“就算长得不够帅气又如何？主动邀约的男生难道不是更勇敢、更帅气吗？”

突然，我想到了我在首尔遇到的一位男孩子。他说他不久之前与女朋友分手了，脸上写满了痛苦。

“我们分手了。我觉得我无法给予她幸福，所以我主动提出了分手。我至今都没有工作，口袋里也是空空如也……”

“这个傻孩子，哪有人从一开始就什么都有？如果这个女孩子那么看重物质条件，当初她会选择跟你在一起吗？”我本想如此指责他一番，但是想了想忍住了。因为我怕这会使他更气馁。真是不知道为什么这个世界上总是有一大堆自暴自弃的男人。

我希望如今的年轻人能多几分自信，尤其是在追求爱情的时候。没有钱如何？没有所谓的“前景”又如何？比起完美的男人，难道不是有点儿缺点的男人更具魅力吗？但是对于男人来说有一些品质是不可或缺的，那就是坦荡和偶尔看似鲁莽的勇气与魄力。

“我是学心理世界专业的。”

我与丈夫是通过母亲的朋友介绍认识的。因为他比我大七岁，所以在见面之前我就对他没什么期待与好感。加之他是空军军医大尉，是一名正在服兵役的军人。我问他在上医科大学的时候学的是什么专业，他给出了一个让人摸不着头脑的答案“心理世界专业”后，便一个人大笑起来。了解了情况之后我才知道他学的是心脏生理学，为了跟我开个小玩笑才说了刚才那样的话。“这可真是，我也应该赔笑一下吧！”总是有这种误以为自己很幽默的人。我给了这个冷笑话一百分，这倒不是基于这个笑话很可笑，而是基于他为了逗我开心而做出的努力。

但是这次见面之后，整整一周丈夫都没有再联系过我。我那么努力去配合他的冷幽默，竟然没有后话了，比起生气，我有点儿不知所措。“他凭什么这么对我？”想到我第一次相亲就被拒绝，着实觉得很伤自尊。但是一周之后，丈夫突然在早上六点给我打电话，不由分说就要约我见面。

我以为他在耍手段，先让我焦躁等待，再接近我，以此达到事半功倍的效果——用现在的话来说就是“欲擒故纵”。

从那之后的三个月，丈夫总是约我见面，打着世道险恶、他必须保护我的名义，邀请我赴约。有几次，晚上他打车送我回家遇上宵禁，我们不得不在派出所熬到天明。这个男人到底是怎么回事，难道他是深谙恋爱之道的情场高手？于是我找到丈夫大学时的挚友，请求他为我答疑解惑。

“都说他是纯情少年，性格安静，只知道看书。”

纯情少年为了心仪的女孩做出的努力让我觉得既难能可贵，又深怀感激。加之丈夫每次与我约会都请我吃大餐。如果我抢着付了钱，他就拿着饭钱一边喊我一边一路追到餐厅门外。以军医的工资水平来说，应该很难负担这些费用，后来我才知道丈夫为了和我约会，甚至预支了自己的工资。可能正是这个原因，我们结婚之后，连续几个月他都在发工资的当天空手而归。可能是因为这段心酸的恋爱经历，我总是跟身边的后辈们反复强调，约会的费用要男女共同承担。因为如果出了什么问题，很可能最终会归咎到女生头上。

在经历了之前的曲折之后，我与丈夫的恋爱发展得很顺利，但是结婚却是另一码事儿了。加之丈夫家境并不富裕，他是家中的长子，下面还有四个妹妹和一个弟弟。退役后，工作还没有确定。仅从条件来看的话，并不是好的丈夫人选。虽然他从未承认过这一点，但是有什么办法呢？我已经被这个男人的有勇无谋及魄力深深吸引了。

在我接受了丈夫的求婚之后，丈夫非但没有对我表示感谢，反而恐吓我如果公公婆婆不喜欢我的话，我们还是有可能会分手的。虽然这让我觉得有点儿无语，但是这一点依然让我觉得很满意。

虽说这场婚姻是我自己的选择，但是我的确是有点儿泄气。因为丈夫的家境贫寒，仅仅是准备结婚戒指都不是一件容易的事。后来我才知道，我父亲可能觉得我的婚礼过于寒酸，所以瞒着我偷偷跟丈夫说，由他来出钱，务必给我买一枚高级的婚戒。但是丈夫说绝对不行，一口回绝了。他说结婚的费用必须由他自己来承担。最后我的聘礼就只有用公公的戒指炼熔重铸的一条金项链和一枚丈夫攒钱买的戒指。但是丈夫的这种固执也深深吸引了我。因为我解读出了他一辈子都会对我负责的觉悟。

女人总是会被这样的男人所吸引，虽说男人可能并不知道这个事实。（不久之前我在柜子里发现了这条金项链，想到去世的公公，忍不住放声痛哭了一场。这条项链是无法用金钱来衡量的珍贵礼物，年轻的时候我并未发觉，上了年纪之后我才深有体会。以后孙子长大成人，领着心爱的人回家，我想把这条项链送给孙子的心上人。）

可为什么如今的年轻人却如此底气不足呢？仔细想想“罪魁祸首”就是女人。在过去，因为社会分工的关系，重任自然而然地落在男人肩头。但是随着时间的流逝，越来越多的女性参与到社会生活中，男人们的立足之地有一部分被抢占。因此女人又被赋予了新的使命，那就是帮助自己的男人成长为更强大的人。符合我们期望的男人并不是一开始就存在的，而是需要我们自己去塑造。

“我觉得你就是一只井底之蛙。”

在结婚十三年之后，我对丈夫说了这句话。退伍之后，丈夫在经历了一年的无偿劳动后成为首尔大学医学院的教授。虽说是教授，但是经济上并不富裕。

1979 年，他成为牛津大学的访问研究员，两年后他重返韩国的时候，终于成为了首尔大学名副其实的教授。但是当时韩国大学的待遇很差，不仅科研设备严重不足，连研究费用都很少按时按量发放。丈夫也开始渐渐厌倦这样的生活，有的时候就连对喜欢的研究项目都提不起兴致。我们谈恋爱时那副野心勃勃的样子不知道去了哪里。我实在看不下去了，就对这位一向自尊心超强的首尔大学教授说出了“你是井底之蛙”的话。

男人是一种很容易满足的动物。如果你想让他追求更高的目标，就要不停地为他创造前进的动力。时而教训，时而哄诱。聪明女人的生活也是艰辛的。

“不知道你是不是自认为是韩国的知名教授，但是在别人眼中真的是这样的吗？”

我觉得丈夫听罢一定会觉得伤自尊。但是如果他是这么容易就气馁的男人，我又怎么会选择他呢？丈夫为了重振雄风，决定接受英国心脏基金会的赞助，重新回到牛津大学进修。丈夫发表了很多论文，而且他的学术研究成果也得到了肯定，他又一次开始展翅高飞。他常常趾高气扬地问我：“我现在还是井底之蛙吗？”

我很感激丈夫没有自暴自弃，接下了我的战帖并完成了挑战，我毫不吝啬地表扬了他。丈夫常常跟我开玩笑说我像他的女儿，但是在我心中又何尝不是把丈夫当成我的大儿子。不管怎么说，夫妻之间就是像这样在互相珍惜的过程中变得情义更加深厚。

对我来说，排在第二位的男人就是我的儿子了。儿子的性格跟爸爸很像，比较温顺，这让我一直觉得有点不安。

我很担心，始终不敢确定儿子是否具备对自己的家庭负责的气魄。我发现为人父母之后，始终放心不下的就是子女。但是后来发生了一件事打破了我对儿子的偏见。

有一天，儿子给远在英国的我打电话。他的语气中充满了决绝，就好像是决心奔赴战场的勇士。

“我遇到了我人生中的另一半。您千万不要反对。如果妈妈反对的话，我就这辈子都不结婚，自己一个人过。”

“没错，作为我的儿子至少要有这样的魄力。儿子啊，现在我终于不用再为你担心了。”我看了未来媳妇的照片，她看起来的确值得儿子下这样的决心，她所有的地方都让我很满意。说句实话，我觉得她比儿子更优秀。我甚至想儿媳妇的家里人不会觉得吃亏吧。

“女方家长同意了吗？”

男人就像是跑马场里的赛马，只朝着指定的目标前进，无暇顾及远方更宏大的目标。让我们把这一点也当成是他们的魅力吧。

“那我现在马上就去征得她父母的同意。”

有的时候就算学会了方法，也很难付诸行动。儿子再次恢复了往日温顺的语气，接着说道："听我女朋友说，她爸爸现在正在维也纳出差。""你这个傻瓜，这就是一个好机会啊。你赶紧去维也纳跟你未来的丈人见个面，当面请求他同意你们的婚事吧。这样做才能彰显男人的魄力。"

在儿子的结婚典礼上，我紧紧抓住了儿媳妇的手，我想告诉她，我没有教会儿子全部的道理，如今就拜托她继续帮助儿子成长为更优秀的男人了。儿媳妇好像领会了我的意思，冲我微微一笑。另一边，亲家公一边自豪地说"这是亲自去维也纳见我，希望我同意他们结婚的女婿！"，一边给了儿子一个大大的拥抱。儿子啊，你终于完成了人生的必修课，拥有自己的家庭啦。

不久之前，我参加了一对甜蜜夫妻的婚礼。我不是新娘邀请的客人，而是新郎的朋友。新郎是韩国知名报社的记者，我很喜欢他。多年来，他奔走在新闻一线，探究各种事实的真相，经历了数不尽的艰难困苦，但是他从来没有说过一句抱怨的话，脸上总是挂着淳朴的微笑。所有认识他的人都对他的人品赞不绝口。如果说他有什么缺点的话，那就是对女性没有任何兴趣。

他说跟他一起生活，明摆着是要受苦的，有哪个女生会同意呢，说他已经死了结婚的这条心。每次我都会罗列出一堆理由试着说服他，比如说再晚也得结婚啊，我给他介绍值得交往的女朋友啊，等等，但是他就是不为所动。为什么这些对工作、对生活充满激情的男性却在女性面前变得很消极，真是让我百思不得其解。

但是有一天我却突然接到了他的电话。实际上，在几个月之前，他已经决定要去牛津大学继续进修了，各项准备工作也在按部就班地进行着。他却突然通知我说留学计划取消了，他想跟我见一面，介绍一个人给我认识。

还没有见面，我的心中就隐隐觉得有好的事情发生。我很好奇他会带一个什么样的女孩来见我，我心心念念希望见面的那天可以早点儿到来。

眼中除了工作什么都没有的文艺青年竟然放弃了留学，选择了爱情，我越想越觉得好奇。

“我们一起参加某个公益活动，牧师从中牵线搭桥，我们便相识了。其实我们两个最开始都对对方没有什么期待。我们也没约会过，有一天下着雨我们一起步行去公交车站，两个人都没带伞，边走边聊天。就在公交车要来的时候，他突然跟我说我们谈恋爱吧，这让我觉得有点儿惊慌失措。他说这句话的时候很害羞，底气也不足。”

准新娘脸上挂着明媚的笑容，开始给我讲述他们的恋爱经历。男孩的不自信在我的预料之中，但是女孩却很明智。她说两个人还需要再多沟通，了解一下彼此。于是两个人只是约好了下次见面的时间，就在公交车站分别了。女孩没有首肯，但是她给男孩留了希望。希望可以说是女人送给男人最好的礼物了。男人是一种只要有希望就会坚持不懈去努力的动物。

“后来我们见了第二次面，他说为了我，他愿意放弃去英国进修的机会。他愿意放弃一切，跟我结婚，这让我如何拒绝？”

男孩脸上带着一丝腼腆，女孩脸上挂着一丝微笑。对这个男孩来说，这个女孩就好像是他可以停靠的港湾。在生活与工作中感到疲惫的他在女孩的微笑中感受到了家的温馨与舒适。看着男孩的微笑，看着女孩炯炯的目光，我好像明白了如何把在爱情面前消极迟疑的男人变成天作之合的伴侣。

男人一辈子都在寻找自己的守护天使，那个能够抚慰他，能够朝他微笑的人。如果想要一位可以共度一生的伴侣，女人首先要有成为守护天使的觉悟。当然，在此之前，需要擦亮慧眼判断他是不是对的人。现在就让我们告诉那些没有风度的男人什么是真正的风度。不要瞻前顾后，留下希望，让他们主动靠近，知道了吗，丽塔？

并非因何而活，只是蒙福而生

与毛驴共同旅行并有过深度交流的人，不会再做从前的自己。因为他们一辈子都会牢记毛驴带给他们的感动。

——安迪·梅里菲尔德《毛驴的智慧》

关于人生，最老生常谈的一个疑问就是："我们为什么活着？"生活永远充满了艰辛。尤其是当我们身陷痛苦之时，总是会一遍一遍地盘问自己为什么活着。在"牛津之声"采访嘉宾的时候，这也是我最常提出的问题之一。

"到底是因为什么让你可以如此努力地去生活？"

令人惊讶的是，我总能反复听到同样的答案。大部分学者都回答我说，他们不是因何而活，他们只是蒙福而生，罕有人回答我说他们是为自己而活。但是我们中的大部分人不是为自己就是为别人而活着。

牛津大学的皮特里斯教授说他的人生目标可以用三个短语来概括，那就是“学习吧”“创造吧”“分享吧”。他接着强调说其中最重要的就是“分享吧”。

“学习新的东西，与别人一起体验新的人生经历并分享彼此的经验和智慧，当你的这种诉求愈发强烈时，你就会体验到真正的幸福。”

换句话说，他的意思就是当你摒弃利己主义，秉持着利他主义去生活的时候，你的人生目标就会鲜明起来。在牛津大学教东方学的教授罗伯特·迈尔（Robert Meyer）引用理查德·道金斯（Richard Dawkins）最著名的主张阐述了如下的人生哲学。

“人生是一场与自私的自我不断进行较量的战争。如果想在这场战争中取得胜利，只能采取一个策略，那就是让自己成为一个利他主义的执行者。”

在这里争论人的本质是自私的还是利他的毫无意义。只有人的一生需要秉持着利他主义来生活才是任何人都无法否认的真理。埃克塞特学院的院长法兰西丝·凯恩克罗丝一直在研究基督教、佛教、印度教、道教等世界主要宗教中出现的金规则，得出了一个浅显易懂的哲学观点。

“你希望别人怎么对待你，你就怎么对待别人。”

所谓的幸福不是自己获取的，而是别人馈赠给我们的礼物。一个偶然的机会，我认识了一个从别人那里收获到幸福的人。故事自然也要从“牛津之声”说起。

有一天，有人给“牛津之声”的办公室打了一通电话，说他很喜欢我们的节目，愿意赞助一亿韩元给我们。我深表感激，想当面跟他道谢。同时我也很好奇他是什么样的人，愿意资助我们这样的非慈善机构。

就是在这样的契机下，我结识了沃博夫妇。他们家看上去与富贵之家还是有一定差距的。他们不是生活在大都市的豪宅，而是生活在乡下一所简陋的屋子里。这对年过七旬的老夫妻穿着起球的毛衣外套，用着边沿破损的茶杯。

在那位妻子的手上找不到任何一种常见的首饰。了解之后，我才知道这对夫妻在牛津算是家喻户晓的知名人士。这并不是因为他们毕业于牛津大学，而是因为他们对牛津大学的贝利奥尔学院及牛津互联网研究所做出了巨大贡献。牛津大学也因此推荐他们成为Foundation Fellow的一员。所谓的Foundation Fellow是对那些为校园做出过巨大贡献的人的尊称。

这对老夫妻中，丈夫的名字叫马克，妻子的名字叫罗斯玛丽。我问了罗斯玛丽，你们本来就不比其他人富裕，为什么还愿意毫不犹豫地拿出这么多钱来资助我们？若是要安享晚年生活的话，钱也是不可或缺的。

在我退休以后，我想做的事情有很多。这些计划主要是以玩乐为主。我觉得退休之后我需要很多钱，所以我正在考虑要不要瞒着丈夫攒点儿私房钱。“本来上了年纪这件事就足够让人难过了，再加上没钱的话，那就太可怜了。”过去的我一直都是这么想的。

“怎么说呢？我们俩觉得我们已经在享受人生了。每年我们都会携手去旅游一次。就这样一直生活到现在，我们觉得不需要这么多的钱。”罗斯玛丽笑着对我说。

不因为金钱而纠结的人生，是不是因为他们经济观念比较薄弱啊？还是说他们过于洒脱？以我的思维方式怎么都理解不了他们的举动。

“马克是出生在德国的犹太人。在纳粹政府执政期间，他们举家迁往英国。马克很渴望学习，因为他从小就对打零工深恶痛绝。如果那个时候学校里没有奖学金，如果那个时候没有人给予他帮助，可能直到现在他仍旧在打零工呢。”

可能读者们也能想象到我听到这一回答时的表情，疑惑消散后，我的心中只留下满满的感动和尊敬。这对老夫妻因为奖学金而受益，他们希望通过自己的努力让奖学金给年轻人带来越来越大的帮助。

“我们这样做再没有其他理由了，我们觉得这样很幸福。”

在这间乡村小屋中，所谓的幸福并不取决于金钱的多少，而取决于有限的金钱用在了何处。有时人们会将金钱与贪心画等号，但是花钱也可以创造幸福，这取决于钱的用途。因为心中的感激与尊敬，我多次低头敬礼表达我的感谢。他们说他们也有自愧不如的人，并把这个人介绍给我认识。

就这样，我结识了史蒂芬·雪莉，她本身就是一名慈善企业家。在遇到她之前，我甚至不知道还存在着这样一个职业。她很有企业家才干，在20世纪80年代，就已经坐拥两千五百亿的身家。更让人惊讶的是父母并没有给她留下任何遗产。她与马克一样是犹太人，出生在德国的多特蒙德。在她五岁的时候，她既没有护照也没有一分钱，对英语一窍不通的她离开父母，只身来到英国。据说当时有很多犹太儿童在欧洲各国之间流浪。父母们希望自己的孩子可以幸免于难，便帮助他们逃离了纳粹政权的控制。后来，二十九岁的雪莉女士靠着六英镑开始了白手起家的生涯。在当时的英国，女性的社会地位很低，而且商业圈基本上是男人的天下。妻子想要开通一个银行账户，都需要经过丈夫的同意。无奈之下，她不得不女扮男装，取了史蒂芬这个假名。当她的事业稳定之后，她重新用回了自己的本名，并坦荡地将自己是女人的事昭告天下。除此以外，她还为就业困难的女性同胞提供了很多就业机会。虽说她的事业蒸蒸日上，但是她的人生却并不是一帆风顺的。她的独生子患有自闭症，因为夜间突然病发而离世。不知道为什么，命运总是如此残酷。

“正是经历了这不计其数的痛苦后，我才变得幸福。”

苦难对她来说，不是怨恨之源，而是磨砺心志的试炼。正是这些安置在她人生中的苦难使她开始关注这个世界。到目前为止，她已经将自己财产的65%无偿捐献给了这个世界；她把自己的股票分给手下的员工；为了抚养患有自闭症的儿子，她创立了自闭症儿童学校；她还把大量的资产捐赠给了牛津大学网络研究所等各类教育机构。

“把我的财产捐赠给那些有需要的人，让我觉得很幸福。懂得去分享的话，我们就可以变得比现在更幸福。”

她的另一个人生目标就是把剩下的35%的财产用在更有意义的地方。她对苦难没有埋怨，只是一边学习如何在痛苦中获得幸福，一边亲力亲为地实践。就在遇到她的那一天，我也有了人生中的偶像，这个人便是她。

通过“牛津之声”这个平台，我结识了很多人生导师。他们中的大部分人都用自己的人生经历向我展示了什么是不因何而活，只蒙福而生。有一位教授跟我说：“当我们能够给其他人带去快乐时，人生中的幸运就会降临。”他还跟我说起了自己的罗曼史。对他来说，人生中最大的幸运就是遇到了自己的妻子。他的妻子年轻时不幸患上了抑郁症，但是对于坠入爱河无法自拔的他来说，小小的抑郁症根本就算不上障碍。他的求婚宣言既简单纯朴，又野心勃勃。

“你的抑郁症由我来医治，你愿意嫁给我吗？”

但是在结婚之后妻子的身体状况仍然不见好转，常常卧床不起。二十余年间，他不仅将体弱多病的妻子照顾得很好，还成了一位世界知名的学者。他从未抱怨过自己的人生，因为他深爱的妻子始终陪伴在他的身边，他总是说因为有妻子在，所以他很幸福。从来不表达，将感激之情深埋心底的人生是愚蠢的。对我们感激的人表达谢意，也是幸福的秘诀之一。

我认识很多学者，他们使我确信传播知识、分享知识也能带来幸福。普林斯顿大学的彼得·辛格（Peter Singer)教授对我说：“尽最大努力去帮助这个世界上的人，幸福就会因此而降临。”牛津大学英语教育学院的院长罗里·库珀兰德教授也向我阐述了幸福的秘诀：“为这个社会做贡献，关爱这个社会上的每个人，你付出越多，收获就越多。”

斯坦福大学教育学院副院长保罗·金（Paul Kim）就是这样一位将自己的才能与这个社会联系起来的了不起的人物。他通过互联网和智能手机将很多教育项目推广至教育资源相对稀缺的国家和地区。他坚信教育共享能使这个世界变得更美好，同时他也在为此坚持不懈地努力着。

“我想通过技术手段，突破教育发展的地理性及物理性限制。”

如何过不抱怨且有意义的人生呢？通过“牛津之声”结识的大部分人都反复跟我强调过“机会”这个词。把机会提供给那些自尊自爱的人、那些想要进步成长的人，这可能是最有意义的事情了。

牛津大学经营管理学院的科林·梅尔（Colleen Mayer）教授曾说过这样的话——

“帮助别人挖掘并发展他们的潜力，是获得幸福的最佳方式。”

曾任职于哈佛大学经营管理学院的图法诺（Tufano）教授也提出过一条黄金法则：“为自己投资，也为别人投资！”可以说为自己投资是爱自己最直接、最坦率的方式。只有自己变得幸福，我们才能把幸福的因子分享给周围的人，分享给我们的亲人。

柳镇博士是韩裔英国人，在牛津大学附属医院工作，他将自己的生活哲学付诸行动。我们在“牛津之声”这个平台上开发了一档新节目，那就是把医科大学前辈们的诊疗经验通过视频分享给大家。视频中涵盖很多通过书本无法了解到的医学知识。柳镇博士因为要治疗患者十分繁忙，但他总是利用假期和休息时间参与录制我们的节目。

“我上大学的时候，学校并没有单独开设这样的课程。所以当我们在医院里第一次面对真正的患者时，觉得有点儿不知所措。虽说在实习期间也接受过相关的培训，但仍会觉得学艺不精，遗憾满满。我希望我的后辈们能少走我这样的弯路，所以我准备跟志同道合的人一起把这件事坚持到最后。”

把自己多年的实践所得及经验之谈毫无保留、不计回报地分享给后辈，希望他们能够少经历自己曾经经历过的磨难，这份善良与真诚让我不得不佩服得五体投地。更让我觉得惊讶的是拍摄结束后他们脸上的表情。饿着肚子完成拍摄以后，只能靠凉透了的比萨充饥，但是他们的脸上却一直挂着幸福的笑容。

在生活中，我们总是会产生想要比其他人过得更幸福的想法。我也不例外。如今我知道这不过是毫无意义的贪念。幸福不是在与他人的比较中产生，而是需要与他人携手创造。现在的你正和谁一起寻找幸福呢？希望越来越多的人可以因为你的存在而感受到幸福，也希望你在这个过程中收获更多的幸福。

准婆婆使用说明书

你幸福的决心有多大，你收获的幸福就有多多。

——亚伯拉罕·林肯

孩子，我就是你未来的婆婆，你们马上就要走入婚姻的殿堂了，我每天都满怀期待，激动的心情使我夜里难以成眠。你突然收到这封信一定会很惊慌吧？我对你表示理解，我也是考虑了很久，才终于下定决心写下这封信的。

我可以给你打电话，也可以约你见面，可我偏偏选择了写信，可能会让你觉得有那么一丝尴尬吧。你就把这理解成严氏家族的家庭文化吧。啊，你眼看就要成为我们家的一员，我是不应该跟你说谎的。那我就实话实说吧，这是很久之前我创造出来的家庭文化。

就像你知道的那样，我们家像候鸟一样到处迁徙，足迹散落于世界各地。你的大姑子在英国生活，经常去丹麦，而你的公公则常常往返于英国和韩国之间。大家在一起的时间难免会变少，有时甚至很难见上一面。但是我们毕竟是家人，互相之间该有多么想念、多么牵挂，所以我们就常常使用邮件来沟通。我们聊的也不是什么了不起的话题，比如说浏览新闻的时候看到了什么有趣的报道就会把链接复制发过去，再比如说从朋友那里听到了一个笑话也会跟家人分享。因为我们不能陪伴在彼此身边，所以选择了这样的方式，但是反而比住在一起时沟通得更多。

你未来的丈夫和你未来的公公都是木讷的类型。但奇怪的是，用邮件沟通的时候，他们竟然也变得如此多话。过去有一段时间，只有他们父子二人在首尔生活，听说那个时候两人没少起争执。但是如果两个人分开生活只靠邮件沟通，别提有多合拍啦。我们都理解一下吧，男人本就是一个我们想理解也无法理解的物种。你未来的公公总是发一些艰涩难懂的政治类新闻给我，这让我困惑不已，只能装出一副自己什么都懂的样子，他的这点儿虚荣心我就包容一下吧。

我比较担心你未来公公的身体情况，所以我总是会发一些养生的资讯给他。不知道你是不是知道，你未来的公公有一次病得很严重。回想起那个时候，很多事至今都让我觉得心有余悸。现在你不用担心了，你未来公公的身体很健康，估计亲眼见证孙子结婚都没有问题。

因为这是我写给你的第一封信，所以题外话有些多了。上了年纪，可能说话也没什么逻辑。这点也希望你能够谅解。你很想知道我为什么会突然写信给你吧？一想到自己即将成为婆婆，虽然既期待又激动，但也隐隐有一丝恐惧。我也很担心自己不能成为一个好婆婆。

所以我觉得我应该拜托一下你，诚挚拜托你让我成为一个好婆婆。为此我可能需要介绍一下自己。没错，这封信就是我这个准婆婆的使用说明书，教你如何与我相处。遇到我这种不太懂事的婆婆，希望你能把这当成一种福气，好好听我说。

孩子，我身上有很多缺点，这是不可否认的事实。但是我真的很擅长学习。缺点越多的人就越热衷于学习。实际上，为了成为一个好婆婆，我很久之前就已经开始学习了。我周围有很多人都是好婆婆，我总是约她们见面，并且正在一点儿一点儿学习。你大姑子的婆婆就是我最好的老师。

亲家母是一名 CEO，名副其实的女中豪杰。虽然表面上看起来很严厉，给人一种压迫感，但事实上却并非如此。有一天，我去了女儿家，早上起床之后却发现这位女中豪杰正在亲手准备早餐。她端上了三文鱼料理，三文鱼是她亲手从丹麦抓来的，她还用漂亮的餐布装点了餐桌。但是我没有看到女儿露面，所以我到处找她，这才发现她还在蒙头大睡。

我觉得很丢脸，脸颊也涨得通红。就算关系再密切那也是婆婆，我准备去叫醒她，亲家母却悄悄拦住了我。

“就让她再睡一会儿吧。就算她睡一天可能还是会觉得累。一切我来准备，你就安心坐着吧！”

说罢，她就开心地去继续准备早餐了。她说她现在已经退休了，而儿媳妇既要上班还要照顾孩子，她做这些都是理所当然的。我在心里默默地问自己：“我能亲手为我的儿媳妇准备早餐吗？”你可以期待一下，我这位婆婆为你准备的早餐。

虽然说我们是一家人，要相亲相爱，但是实际上比起互相体谅，我们首先要考虑的是原则，比如说主观觉得儿媳妇就应该准备早餐什么的。平时我们对外人总是谦和有礼、照顾周到，但是却常常忽视我们的家人。所以说，咱们可以换位思考一下。可能我还需要做更多的努力。

孩子，我告诉你的这件事绝对是个秘密：征服我的最好办法就是表扬我。从小时候开始，如果称赞我、给我戴高帽，我就会忘乎所以。所以说如果你需要我做什么，可以试着表扬我一下，说不定就能达到目的。有一次，我正在打电话教训儿子，那时候我在英国，只有你未来的丈夫和你未来的公公两个人在首尔生活。因为老是听说他们的关系不和睦，我正打算狠狠训斥他们两人一顿，你未来的丈夫突然说了这样一句话：

“妈妈，爸爸说你对他来说就像信用卡一样。”

就算钱包里并无分文，只要有信用卡在就觉得踏实，我便是这样的存在吗？所以说不管是在首尔还是在英国，就算我独自生活也不会觉得不安。你未来丈夫说这句话的初衷，我虽然表示怀疑，但是既然是表扬我，我就觉得心情愉悦。连我要教训他们的事儿都被我忘得一干二净了。我心情大好，所以给你公公写邮件说我这次放他一马，他可以去买他想要的东西了。但是后来我发现他买了几瓶昂贵的红酒，我也让他吃了点儿苦头。

所谓的家庭就好像是装裱风景画的相框。相框虽然跟美丽的风景画一样让人百看不厌，但是放置久了难免会蒙上灰尘，玻璃可能会破碎，框架也可能会松散，宝贝就此沦为俗物。所以我们要好好爱护相框，定期拂掉灰尘，正当稳妥地悬挂，换掉破碎的玻璃。对待家庭也是同样的道理。若是希望长期鉴赏一幅美妙的风景画，投入感情也是必须的。

家庭也犹如花草。不管如何精心呵护，在经历了一次狂风暴雨之后，也会残破凋零。你们以后组建的家庭不可能一直安乐祥和。有时也会争吵，有时也会互相伤害。就算我的儿子有这样那样的缺点，我身为婆婆也无法为你提供“售后服务”了。这些都需要你们夫妻二人共同解决。你们要努力把你们婚姻的花草培育得无比强大，可以笑对各种狂风暴雨。一定不要忘记在婚姻生活中，除了爱，更需要依赖与理解。写了这么多，突然有点儿担心自己是不是太过啰唆。希望你谅解我这个啰里啰唆的婆婆。

最后，我还有两件事想要拜托你。第一件事是我希望在婚礼的当天你不要掉眼泪。因为我希望你成为这个世界上最美的新娘。我觉得如果你掉眼泪的话，我也会忍不住掉眼泪的。抱着期望你不会流泪的想法，我会额外给你准备一份特别的礼物。

不久之前，亲家送来了彩礼，不管怎么说我觉得我不能接受这笔钱。我退回了一半，另一半你单独存起来怎么样？并不是只有男人才需要私房钱。对女人来说私房钱同样重要。所以我拜托你的第二件事就是把你的账号发邮件告诉我。那么这封信就写到这里吧！我是否可以期待以后经常通过邮件跟你沟通呢？

希望早日摆脱掉“准”字的你的婆婆

在儿子结婚前夕，我经过一番深思熟虑写下了这封信。当时我主要有两个烦恼。听说女儿是亲家公的掌上明珠之后，我就隐隐有些担忧。儿子成家立业娶媳妇，我的心里都有一丝不舍，嫁女儿的心情也就可想而知了。听说未来的儿媳妇留学去国外待了一年，这一年中亲家母常常以泪洗面。如果儿媳妇在婚礼当天掉眼泪的话，那么身为父母的心情又当如何，想到这里我的心都觉得刺痛。虽说我也有女儿，但是总觉得他们家的氛围跟我们家完全不同。

第二个烦恼是亲家送来的彩礼。在我的周围，结婚前夕因为彩礼问题而争得面红耳赤的事时有发生，所以我一直对互送彩礼是否必要而心存疑虑。在女儿结婚的时候，我们两家也就是简单交换了一下纪念品，就草草结束了这种仪式。本来我想直接退还，但是又怕引起不必要的误会，一时之间也拿不定主意。但是另一方面我也觉得这是一个好机会。我也许可以趁着这个机会写一封信给未来的儿媳妇，介绍一下我是什么样的人，我有怎样的想法。

另外我也想写一些祝福的话，送给未来的儿媳妇。因为这个世界上最能打动人的就是真心了。

下面就讲一下这封信发出去之后发生的故事吧。

我把一半的彩礼送给儿媳妇当私房钱，儿媳妇在朋友面前炫耀了一番并回信将这件事告诉了我。当然，在信中她也留下了自己的银行账号。在信中她跟我道歉，因为对在婚礼现场不掉眼泪这件事，她实在是没有自信。但是她也不忘表露，即便如此，自己还是期望收到我送的礼物。后来在婚礼举行的当天，儿媳妇别说掉眼泪了，一直笑个不停，这让我突然觉得有点儿对不起亲家。

我心中婆婆的典范——女儿的丹麦婆婆是我的脸书好友，每当有家庭聚会的时候，她都是我丈夫最好的舞伴。

随着时间的流逝，儿媳妇对邮件的钟爱远远超过了我。她说这样或那样的事给我听，还附上孙子的照片及视频，有时候她还给我发她做的美食图片，让我垂涎三尺。在结婚后的第一个情人节，她亲手做了巧克力，不仅送给了自己的丈夫，也不忘送给自己的公公，这让我甚感欣慰。怎么可能有不被这样的儿媳妇感动的公公呢？她总能给我惊喜，让我意外，每次看到她，我心中都是说不出的感激。

十分钟爱红酒的丈夫每年都会给我发一封特别的邮件。开头总是写着这样一句话：“不管是在一起，还是分开，你对我来说都是那个最好的人。”每到这个时候我便知道，丈夫一定是发现了一瓶让他心动不已的红酒了。

做父母，可不要太贪心

就算天上降下黄金雨，也无法填满人们的欲望。

——《法句经》

我因事去了首尔大学理工学院的办公室，在那里再次遇到了久未谋面的尹宰伦教授。为了促进知识的交流与共享，“牛津之声”曾与首尔大学全球工学教育中心合作，为首尔大学理工学院的学生录制教育视频。尹宰伦教授是这个项目的总负责人，是我尊敬的上司。他就像一位正直的文人，很受大家尊敬。看到他对待同事谦虚有礼、和蔼可亲，我就觉得他一定也把自己的孩子教育得很好。所以我好奇地问了他，他是什么样的父亲，他平时都跟孩子们强调什么。

“其实很简单。我总是跟孩子们强调要谦让，要竭尽全力。”

与其让别人伤心后自责，首先要学会谦让。在抱怨自己没有天分之前，要在现有的环境下做最大的努力。

“工作久了就会发现，不管是与同事还是与家人，总是有无法和解的时候。在这个时候所能采取的策略只有两个，那就是谦让和努力。忍耐并等待，总有一天事情会得到完美的解决。”

“教授，您觉得为人父母最应该注意的是什么？”

“我认为不存贪念最重要。不管是对待家庭还是对待工作，如果不放下自己的私心，就总会发生这样或那样的问题。”

对自己负责的工作存在过分的期望并不是一件坏事，但是却不能有私心。他除了跟孩子们强调要竭尽全力以外，还强调要过“有节制的生活”。在和尹教授一同做项目的时候，对于他的这种哲学我也深有体会。

在子女教育的问题上，有这样一件逸事。我很愿意尝试去做那些别人不愿意做的事，这可能是因为我好奇心重、喜欢冒险。但与此相反，别人谨慎审视的问题在我看来却并不十分紧要。可能是因为听说了我跟儿子、女儿还有学校的朋友们都相处得很好，有一天，一位学生家长竟然找到我，开始跟我诉苦。

“每次一想到我儿子那张脸，我就睡不着觉，去到公司也是魂不守舍，无心工作。”

她把儿子送到英国留学，自己的心里备受煎熬。在英国，儿子常常逃课不说，还总跟一群不良少年混在一起。情非得已，她只能把他带回韩国，回国之后校长也给她打了几次电话劝她给儿子转学。这个孩子毫无来由地就殴打了高年级的同学，没事儿总是挑战父母的权威，一家人被他闹得鸡犬不宁。细心地听完她讲的这些事，我才发现真正的问题不在孩子，而在父母。

“让我去见见他吧！”

我决定去这个孩子就读的学校讲一堂课，并拜托这位家长让孩子出来接我。当我来到校门口的时候，我发现有一个头发黄绿相间的帅气男孩正在等着我。我对孩子的父母说让他们假期的时候带他来牛津找我，我会好好教育他的。我开车带着男孩兜风散心，跟他聊了很多。

“J，让你生气的事就那么多吗？能跟我说说吗？”

“每天都让我‘学习’‘学习’。每次一听到‘学习’两个字儿，我就心烦。我又不是不懂这个道理。就算是学习，也得我想学的时候才有效率吧？真想不通为什么总是跟我重复一样的话。”

中学生很讨厌反复听到相同的话。还有个别孩子觉得是学校与父母串通一气给自己苦头吃。

我在英国学习如何写文章的时候，有一条原则让我至今难忘。那就是不要重复相同的话。比如说如果前面用了 study 这个词，后面又重复使用的话，那就会减分。如果前面用了 study，后面就可以用 work，接下来再好好描述一下有关 work 的内容都有什么。在英国，孩子们从小就被要求写文章的时候词汇要丰富。每天不管是在家里还是在学校，总是反反复复听到“学习”这一个词，那该有多烦啊？

“妈妈连书都不肯翻一下，还天天让我学习。”

我给J的父母下达了学习的任务，并要求他们不要在孩子面前重复让他去学习的话。在我与J沟通的过程中，我一直在引导他回忆与父母在一起时的那些美好的记忆。最后在父母与子女冰释前嫌之后，J表示他愿意重新开始学习。就在他转学去英国一所有名的高中之后不久，他的数学成绩就遥遥领先。最后他考取了英国的一所名校。

对于孩子的教育问题，J的父母思想过于僵化。我也同样走过这样的弯路。我把孩子送到英国留学以后，第一次见孩子班主任的场景至今仍历历在目。

“你觉得自己的孩子幸福吗？”

老师无心的一句话在我的心中掀起了万丈波澜，因为我从来没有思考过这个问题。虽然说是尊重孩子的意愿才送他们来英国上学，但是孩子们确实一下很难适应，吃了很多苦。我突然觉得孩子只有在幸福的状态下才能朝着自己的目标去努力。值得庆幸的是孩子们在经历了经济危机并了解了父母的处境之后，终于下定了决心。没有人从一开始就什么都能做到完美。虽说梦想越大，舞台就越宽，但是不树立不切实际的目标也很重要。牛津大学理工学院的金钟民教授为自己的儿子树立了阶梯性目标，小学一年级得十分，小学五年级得五十分，中学一年级得七十分，中学三年级得九十分。刚开始的时候他也有点儿担心自己是不是过于强调学习这件事了，好在儿子很配合，这让他觉得甚是欣慰。

一味地强迫孩子，是行不通的。如果说父母是土壤的话，那么孩子就是种子。在这个世界上，没有能够在坚硬的混凝土中破土而出的种子。为了培育种子，使其发芽，土壤必须松软适度，并且饱含一定的水分。

在英国，孩子们高中毕业之后，会有一年的时间自己去世界各地旅行，为踏入成年人的行列做准备。在这个宽广的世界上旅行，可以邂逅时而壮丽、时而雄奇的自然风光，可以邂逅形形色色的人，从而产生要求自我成熟的强烈欲望，并因此而得以成长。本来儿子正准备去迎接这段自我成熟的时光，却未曾想他没去旅行，反而在牛津大学度过了这一年的时光。

在英国，大部分的高中生都兼顾文理科的学习。因为普遍的观点认为高中生尚未具备明确规划未来的能力。在填写入学志愿的时候也给他们选择的自由。学生们可以申请五所学校，各所学校的录取条件确定后，学生们有充足的时间考虑从中选择两所学校。最后，成绩及各方面条件都符合的学校就是学生们的最终选择。在大学里，文理也是不分科的。虽说开设的课程多种多样，但是其共同点就是既要学习人文科学也要学习自然科学。在研究生院里，很多学生在攻读物理学的同时也在研修哲学。

在选定专业之前，儿子的心理斗争很激烈。虽然已经确定了要去攻读医学专业，但是他似乎并没有做好心理准备。

“妈，虽说爸爸所学的临床类医学也不错，但是从我个人的角度出发，我比较倾向于学心理学。啊，不，可能天文学才是最适合我的。”

真是“有其母必有其子”啊。我也是从心理学专业转系学了英语专业，对于儿子想体验的东西，我很想满足他。

所以我决心让他在牛津大学生活一年，让他有时间去了解他感兴趣的专业具备哪些特征，未来的前景如何。专业的选择有可能影响他一生的轨迹，这种事情还是谨慎为妙。就算比别人晚做决定也好，我想给他充分的时间来考虑清楚。当时，丈夫在牛津大学担任研究员，他跟自己的指导教授说明了情况，儿子因此获得了在科学实验室打杂帮忙的机会。

就这样，儿子试听了他所感兴趣的心理学及天文学课程，花费了大量时间来考虑自己究竟更适合学哪个专业。可能是课程试听起了作用，儿子甚至忘了自己当初选专业时候的摇摆不定，按照原计划毫不犹豫地选择了攻读医学专业。儿子毕业一年之后，凭借着当初在科学实验室打杂的经历找到了一份不错的工作。

在子女做人生中的重大选择时，父母不宜过度参与。因为不管是子女还是父母，大家都已经是成年人了。这个可以，那个不可以，走这条路就是捷径，走那条路只能徘徊不前，把父母的这种观念强加给子女，可以说是父母对子女人生的一种僭越行为。不是站在母亲的立场，而是作为人生的前辈给子女一些建议，有时我们所缺少的正是这种客观的态度。要在我们力所能及的范围内找到解决方案，告诉孩子们并给他们充足的时间来选择。

苏格兰的历史学家诺克斯曾说过，“你无法影响那些对你心怀敌意的人”。就算是父母与子女之间，当唠叨与干预发生作用的时候，就离良性影响越来越远。越是珍惜，越是难以割舍的关系，越需要退一步冷静地处理。只有维持并适时调整好彼此之间的距离，这份爱才能更持久、更健康。

辑四　致那些想更加热爱生活的人

人生的第一要务就是珍惜当下。时间这种东西只有去抓住、去感受的时候才能为我们所用。出于珍惜而放任其流逝是不可取的。如果有想做的事，那就从现在开始去做吧。我们需要享受的不是以后的人生，而是当下这个瞬间。这就是如何走好这一生的最好方法。

人生只有一次，请活在当下

人生拒绝拖延，要抓住每个感受快乐的机会。

——塞缪尔·约翰逊

人生是由各种瞬间堆砌而成的。回想过去的岁月，除了几件大事，其他的细节可能早已模糊不清，但我们的人生却不是由大事构成的，而是由无数个琐碎的瞬间汇聚而成。在漫长的一生中，我们会做很多错误的选择，这不过是瞬间犯下的小小失误而已。但是这小小的失误也可能引起蝴蝶效应，对整个人生产生重大的影响。这种影响有时引领我们的生活之舟进入平静的幸福湖泊，有时将我们的生活之舟推入悲伤逆流的江河。不久之前，我就有过这样的经历。我因为自己瞬间的小小失误，流下了悔恨终生的眼泪。

詹姆斯·马丁是牛津大学建校九百年来，对学校贡献最大的人物之一。他是一位未来学家，也是一位高产作家，他留下了包括《21世纪的意义》《未来学讲义》在内的一百零四部作品。他于1978年出版了《线型社会》，还因此获得了普利策奖的提名。在20世纪70年代，他就准确地预言出未来的社会将是以计算机与互联网为主的社会，在20世纪80年代，他也曾推断出会发生9·11恐怖袭击。

他的人生犹如好莱坞电影明星一般光彩耀人、令人艳羡。詹姆斯·马丁博学广识，他亲自拍摄的纪录片由著名的好莱坞演员客串解说。牛津大学借用他的名字，创立了专研通涉、融合、未来学等领域的马丁学院，该学院至今仍在为学术界贡献着累累的研究成果。

虽说久负盛名、人生阅历丰富，但詹姆斯·马丁为人温厚、亲切热情且谦逊有礼。他常常把自己的新书和新纪录片发给我，邀请我鉴赏评价。对于“牛津之声”的工作，他也给予了我很多协助。有一次，他欣然将自己的书交给我们做节目，在认真看过我们录制好的节目后，给出了“Great Work!（干得真棒！）”的赞扬，让我们欢欣的同时备受鼓舞。

2013 年 3 月，我又一次收到了詹姆斯·马丁的邮件。当时，我在中国。

“回牛津之前，你能抽空来一下纽约吗？”他很体贴，担心给别人造成困扰，所以他一般不会说这样的话，我也曾想过他是不是有什么特别的事找我，但是最终我还是没有去纽约。

我并不是不想见他，而是我的日程全部排满了，实在是抽不出时间。不，或许这也是我为自己找的借口。实际上，那段时间为了赶日程，我总是在全世界飞来飞去，已经身心俱疲了。关于马丁，我觉得以后总会有时间见的，不必急于这一时，所以我拒绝了他提出的邀请。回到牛津大学之后，各种杂事缠身，我将与他见面的事忘得一干二净，就这样在不知不觉中，三个月过去了。有一天，同事突然接到了一通电话，说詹姆斯·马丁博士在游泳时死于心脏麻痹。听到这个消息，我一时之间无法控制夺眶而出的泪水，在座位上放声大哭。当初他邀请我去美国，我却没有去，如今我的自责、我的悔恨已经将我吞噬了。我本可以跟他一起讨论项目，将最后那无悔的瞬间定格，可是我的懒惰毁了一切。

在生活中，我们总是会忘记当下这个瞬间的重要性。我们眺望未来，错误地以为只要拥有宏大的梦想就能拥有精彩的人生，却忽略了要充实地过好每一个瞬间。通过“牛津之声”，我认识了很多学者，比起远大的目标，他们更珍惜眼前的这一刻。我曾经采访过牛津大学医学院的副院长大卫·帕特森（David Paterson）教授。在采访结束的时候，我问了他最后一个问题，那就是“你的梦想是什么”，我以为他会给我一个令人心潮澎湃的答案。

“我的梦想就是能做出一盘美味的千层面。”

他的回答出乎意料的简单。但听罢他下面的话，不知不觉中，我的脸上也泛起了笑容。

“这个周末我要去见在布里斯托大学读书的女儿，女儿跟我说她想吃我亲手做的千层面。我现在最大的梦想就是做一盘让女儿满意的千层面。”

比起华美光鲜的人生，与女儿共进晚餐就是他梦寐以求的幸福瞬间。

不久之前，我去了玛格丽特的家。玛格丽特是我的朋友，一直在牛津大学附近开设合宿宿舍。对来牛津大学读书的外国留学生而言，她既像亲切的妈妈，又像热情的姨母。玛格丽特出生在爱尔兰的一个小村落，在她还是一个少女的时候，一个偶然的机会，她来到了牛津大学，并被这里深深地吸引，于是她成了一名英语老师并在这里定居了下来。在一场舞会上，她认识了安迪，并嫁给了他。他们的婚姻生活美满而幸福，留学生们住在她的家里，也被这种幸福的氛围所感染，总是被快乐围绕着。

那天我急急忙忙赶去玛格丽特家其实是有理由的。说实话，我找她也不是因为什么好事——我听说她的丈夫安迪患上了肠癌。我想给这对夫妻、给安迪带去哪怕些许的安慰。但是与我想象中的完全不一样，安迪的脸上非常平和，看起来似乎比平日里还要健康。“你们的年纪都大了，现在需要的不正是休息吗！”我试图劝说他们放弃合宿宿舍，趁此机会去享受人生。但是玛格丽特摇了摇头，说她不会放弃，还会继续跟学生们一起生活。

“安迪想过跟从前一样的生活。他想继续跟学生们谈心，他想继续当学生们的修理工。”

对这对夫妻来说，幸福不在远方而在眼前，幸福不在未来而在当下。当下这一刻对他们来说才是最幸福的瞬间。就在这一刻，我开始问自己有没有尽情享受当下的幸福。

突然，我想到了牛津大学埃克塞特学院的院长法兰西丝·凯恩克罗丝。在“牛津之声”创立初期，她为我们提供了很多帮助，在节目开始录制的时候，她欣然成为我们的首期嘉宾。在与首尔大学合作时她也参与了授课，她将授课所得以我的名义捐赠给了埃克塞特学院，她的雅量和风范让我敬佩不已。毕业于牛津大学的她曾担任过《经济学人（*The Economist*）》的总编辑及记者，她的人脉很广，为了纪念埃克塞特学院成立七百周年，她邀请到了《哈利·波特》的作者J.K.罗琳。凯恩克罗丝教授访问韩国的时候对韩国传统建筑韩屋赞不绝口。她是一位热爱韩国文化的英国人，也深受学生们的欢迎与爱戴。她是一位充满热情的教授，与学生沟通交流对她来说是最快乐的事。虽然她的人生看起来华丽，但实际上跟玛格丽特夫妇的生活并没有什么本质上的差别。她深知在熟悉的环境中过熟悉的生活是一件多么幸福的事。

“大学是一个奇妙的地方。不管什么时候，在这里，我总能发现一些新东西、产生一些新想法，邂逅一些新朋友，并得到新的人生启发。这便是人生的幸福吧！”

对努力活在当下的人来说，幸福并不遥远。不是只有华丽与美妙的生活中才存在幸福，在淳朴简单、日复一日的日常生活中就散落着熠熠发光的幸福。

我采访过的迟英石也是一位享受当下、活在当下的人。他是世界著名的医学、科技出版集团爱思唯尔(Elsevier)的会长。他本来就职于美国运通公司(American Express)，年收入过亿（韩元），过着安逸稳定的生活。后来，他追随自己的职场偶像英格雷姆去了英迈公司（Ingram Micro），从基层职员开始做起。但是他一直对书籍及教育方面的工作充满热忱，在英迈，他也负责这一领域的业务。当时，他的妻子对他说，“你应该做你想做的事。我觉得这个更重要”，妻子的话给了他很大的勇气。深受鼓舞的他努力积累经验，先是成为兰登书屋（Random House）的董事长，后来又成为首位担任国际出版商协会会长的亚洲人。他现在是一家销售额高达三万五千亿韩元的出版社老板，一天二十四小时他都在忙于工作。一年中，他基本上有三百天在出差，可谓是“空中飞人”了。让人惊讶的是，尽管如此忙碌，他还是会准时回复每一封发给他的邮件。他可以说是我认识的人当中最名副其实的行动派。他在接受“牛津之声”的专访时，率先说了这样一句话。

“我是这个世界上运气最好的人。”

难道迟英石会长仅仅是因为运气好，才战胜了艰难困苦，获得了今天的成就？

“真正的幸福不取决于过去和未来，恰恰取决于现在。现在是未来获得幸福的基础，人生中最重要的事情就是享受当下的时光。”

很多人对未来怀有过分的执念，因为不确定的未来而放弃了现在的幸福。如果今天更努力的话，明天就能更安逸，在这种盲目的期待驱使下，一心向前进。但是最重要的其实是当下的幸福，是今天的人生。采访结束后，迟英石会长脸上浮起满意的微笑，说道：“就在眼下这个瞬间，我能跟志同道合的人一起聊天，这不就是最大的幸运吗？”

对我们来说，什么时候才是人生的全盛时期呢？上了年纪的人总是一边回忆青春时光，一边寻找答案。与此相反，年轻人总是觉得巅峰在人生的下一刻，一边匆忙赶路，一边心怀期待。我有一个朋友，她曾经是一位声乐家，如今退休赋闲在家，她给出了这样的答案。

“最近，我正在教八岁的孙女弹钢琴。我还在院子里种树、养花。当下这个瞬间如此幸福，怎么能说这不是我人生的全盛时期呢？”

毕业于剑桥大学法语专业的伊莎贝尔已经跟我有二十余年的交情了，她是牛津大学植物花园的活动负责人，也是一位单身妈妈。除此之外，她还在接待过纳尔逊·曼德拉（Nelson Mandela）和比尔·克林顿（Bill Clinton）在这种世界知名人士的机构中担任要职，同时还得独自照顾好女儿。她每天的生活可想而知，并不轻松。伊莎贝尔每天出门之前都会对着镜子里的自己念一句咒语：

“今天的我看起来比昨天漂亮多了！”

对她来说，任何时候都是今天的自己最漂亮，当下这个瞬间就是她人生的全盛时期。对懂得爱自己的人来说，人生的全盛时期不是未来，而是现在。当下这一刻才是生活对我们最好的馈赠。

我们从小就被教育要规划未来，要时刻做好迎接明天的准备。可能是因为未雨绸缪太难，所以我们的生活总是在准备、计划、放弃这个怪圈中徘徊不前。啊？难道只有我是这样吗？2006 年我采访了诺贝尔经济学奖获得者埃德蒙德·菲尔普斯教授，他的一句话让我至今仍然记忆犹新。

“我从来不制订计划。遇到问题的时候，光是想着如何解决时间已经不够用了，哪有时间制订计划啊！”

安东尼·肯尼（Anthony Kenny）很长一段时间都在牛津大学担任哲学讲师，他曾担任过贝利奥尔学院的院长及牛津大学的副校长。英国女王曾授予他爵位，大家都称呼他为“安东尼·肯尼卿”。他的观点与菲尔普斯教授的见解一致。

“日复一日地遇到问题后解决问题，这不就是人生嘛！”

通过“牛津之声”接触到的大部分世界知名学者都有着简单纯朴的人生哲学。在他们的眼中，人生并不是一门艰深的学问。他们反对为人生冠以宏大或特别的意义。他们对幸福的定义很朴素，并且知足常乐。他们中的一人曾经对我说过这样的话，说他现在唯一的梦想就是今晚能够睡个好觉。他们是一群只活在当下的人。明天只存在于他们的幻想中，重要的永远都是眼前这个瞬间。

为今天而努力生活的人，不怕正视人生的阴暗面，因为他们对未来的光明心怀向往。有人说这是积极的生活态度，有人说这就是希望。热爱生命中的每个瞬间，你自然而然就会拥有精彩的人生。

布鲁斯在古稀之年来到牛津大学担任舞蹈教练。有一天，马蒂亚斯找到了他。马蒂亚斯在牛津大学攻读物理学博士，同时还担任德国留学生学生会会长。他说自己的舞蹈实力薄弱，但是他想参加明年举办的舞蹈比赛，并希望可以跻身前三强、获得奖牌。因此他特地前来向布鲁斯求助。听罢他的计划，这位七十岁的人生前辈对马蒂亚斯说了这样的话：

“如果你想获得奖牌，那就从现在开始努力去尝试吧！一年以后的事情任何人都无法预测，谁知道明天会发生什么呢？”

我们的人生并没有我们想象的那么漫长。担任牛津大学互联网研究所所长的比尔·达顿教授曾用一句话概括了他的人生哲学，那就是“人生苦短”。因为人生很短暂，所以我们更应该用心过好每一天、享受每一天。

时间这种东西只有去抓住、去感受的时候才能为我们所用。出于珍惜而放任其流逝是不可取的。如果有想做的事，那就从现在开始去做吧。我们需要享受的不是以后的人生，而是当下这个瞬间。这就是走好这一生的最好方法。

吃一堑，长一智

回想过去，我总是在碰壁后成长。每当我说起上学的时候我坐在教室的最后排，在班级里我的学习成绩连中等都算不上的时候，人们总是怀疑我的话。

——丹尼尔·戈特里布《与心灵对话》

有时，我会跟过去的自己对话。想起高中时的自己，我想走过去给她一个拥抱、一丝安慰。想起年少无知的时候犯下的小小失误，如今的我跟过去的我一样，还是会觉得羞愧。想起过去独自一人坐在椅子上思考未来的自己，我想轻轻地对她说一句鼓励的话语："没关系，一切都会好起来的。"当如今的我陷入困境时，我会回溯过去，去寻找激情最澎湃时的自己，重新获得勇气。或许可以说我最亲近的朋友正是那些活在记忆中的自己。

有一天，在记忆中，我遇到了初为人妻的我。她脸上写满了悲伤，独自一人剥着洋葱和大蒜，眼中噙着泪水。难道是因为洋葱和大蒜辣到眼睛了吗？

"有什么伤心事儿吗？"

听完我的话，她放声大哭。我知道那是委屈的眼泪。是因为新婚生活太辛苦，还是因为你心中藏着很多无法倾吐的秘密？

"我觉得我太不幸了。"

我真的忘了，我甚至不记得我曾有过觉得自己不幸的想法，因为记忆中的自己总是挂着明媚的笑容。

"我觉得很抱歉。"

有什么好愧疚的？你是觉得对不起身边的人吗？你也真是的，给别人添麻烦这种事不用觉得太愧疚。人的一生都是这样度过的，互相给对方添麻烦，也互相扶持、互相帮助，这就是生活的味道。虽然我很想说这样的话去安慰她，但是如今的我只能默默地看着她，倾听她的哭诉。

想起过去的自己，我的脸颊就会变得火辣辣的。在结婚之前，我真的一点儿都不懂得人情世故。因为即便我什么都不说，父母也总是会把一切考虑、准备得很周到。虽然家境并不富裕，但是爷爷对我这个长孙女特别喜爱，我的零花钱永远比哥哥和弟弟们的多。家人对我这个长女也关爱有加。

因此，我最大的缺点就是缺乏耐心。过去不管我想要什么，总是可以轻而易举地获得，结婚之后，新婚生活让我明白了这个世界的艰辛与不易。对刚结婚的儿媳妇来说，最重要的事情就是适应婆婆家的生活节奏，但是我对过日子似乎天生就没有任何天赋。因为我是大儿媳妇，所以婆婆各方面都很照顾我，但是我还是很难得心应手地处理家务，连盘子都不知道打碎过多少个。随着时间的流逝，我渐渐成长，虽然不似新婚宴尔那阵子毛手毛脚，但事实上熨烫一件白衬衫仍旧要花费我很多时间和心血。

如今，家里如果有喜事，预订个酒店就能全部搞定。在我结婚那时，在家里摆喜宴热热闹闹地宴请客人是一种传统美德。在我怀着女儿的时候，接到了结婚后的第一项重任，那就是准备公公六十大寿的喜宴。对现如今身经百战的我来说，这不过就是小菜一碟，但对那时候的我来说，在家里宴请百余名客人，绝不是一件容易的事。加之我即将临盆，行动不便，最后我因为过劳而晕倒了。

小姑子结婚的时候，我们也是在家宴请客人。每当在家操办喜宴的时候，婆婆总会把成捆成捆沾着泥的葱扔给厨房里的我，然后转头消失在我的视野中。现如今逛市场时，看到根部沾着泥的葱，仍能想起当时那段一边流着眼泪一边剥葱的岁月。洋葱、大蒜还有葱，不管我怎么剥，仍旧供不应求。从那时起，我这不明事理的人才开始渐渐明白，哪怕只是剥一捆葱，为了达到预期的效果，努力与忍耐也是不可或缺的。

继续回溯过去，我又遇到了 1979 年 9 月在英国一家小小的医院里默默祈祷的我。初到英国的时候，她的脸上写满了欢喜。在抵达英国的第一天，她躺在浴缸里，恨不得高呼“我的新生活开始了”。她的丈夫在牛津大学诺布尔教授的实验室里搞科研，而她开始了学习英语的生活。她以为在今后的时光里，好事情都会接踵而至。但是为什么她会突然在陌生国度的医院里祈祷呢？

“有一件不幸的事情发生了。”

她再一次提到了“不幸”这个词。因为原本身体健康的丈夫突然晕倒住院了。丈夫几天没有进食，就算是喝牛奶也会呕吐不止。丈夫患上了肠结核，因病需要隔离，她只能戴着口罩照顾他。在没有任何人可以求助的异国他乡，她的处境困难重重。没有人能帮助她照看孩子，她常常担心孩子们会在玩捉迷藏的时候就突然消失不见了。那时，她成了这个家里名副其实的顶梁柱。我想给她一个大大的拥抱，对她说一句：“实在是万幸啊！”

过去的我曾举步维艰，曾狠狠跌倒过很多次，也曾各种碰壁，如今的我觉得这些都是不幸中的万幸。结婚之后，我才意识到我的父母过于宠爱我了，而我需要补习的人生功课有很多。在从英国返回韩国之前，我必须照顾好我的孩子与丈夫，这种家庭责任感就像座山一样重重压在我的心头。值得庆幸的是丈夫在牛津医院接受了三个月的住院治疗后就出院了，在家经过三个月的休养，终于痊愈了。这一场虚惊对我来说可不是减寿十年那么简单，它差点儿改变了我的人生轨迹。病愈后的丈夫好像变成了另外一个人。他好像意识到自己不能轻易病倒，开始非常关注自己的健康问题。过去他从来不靠近厨房，自打病愈之后他竟然常常亲自下厨烹饪养生餐。

结婚之后我首次体尝到了生活的苦，这段在异国他乡照顾生病丈夫的经历成为我人生中的一个转折点。这段经历让我的生活能力空前提高。在未来的路上，不知道何时丈夫又会出现类似的状况，所以我与自己约定我一定要照顾好孩子们。为了尽快学好英语，我每天都把广播中的新闻报道录下来，反复听个不停。我的英语文章写了改、改了写，我竭尽全力想把英语学到母语的水平。

1981 年回国后，我成为一名英语讲师。就此我彻底告别了过去那个不懂人情世故的自己。若是没有发生这件事，可能时至今日我都无法百分之百地体会到家庭经济生活的拮据，以及作为家里的女主人，我应该承担的责任。从那时开始，不管是子女教育还是日常开销，每一件事我都精打细算。丈夫很有绅士风度，他不仅支持我的工作，还在工作中给予了我很多帮助。

人们总是吃一堑，长一智。经历的不幸越多，某种意义上说也更幸运。因为不经历苦难，可能根本就无法体会到真正的幸福是什么。我们所谓的不幸可能并不是什么大不了的事，因为在这个世界上比我们更痛苦、更不幸的人还有很多很多。有一件事让我觉得汗颜。在舞蹈节上，我认识了一位英国朋友，他看起来总是很积极乐观，后来我才知道他是被遗弃的孤儿。他的母亲是一位未婚妈妈，因为经济拮据无法再抚养他就将他遗弃了。尽管如此他还是生活得很幸福，他对每件事都充满热情，他的脸上总是挂着微笑。

我对此很好奇，有一天，我明知这样是无礼的举动，还是忍不住问了他，为什么有着这样的身世还能如此乐观、阳光地生活。“我的母亲是一位未婚妈妈，如果她没有战胜这种苦痛，我就没有机会来到这个美好的世界。而且为了我能更好地长大成人，她将我送到了修道院。被母亲遗弃的瞬间是我这辈子最大的不幸，现在我的人生中再也没有什么不幸了。”他笑着给了我这样的答案。

人生中没有凭空而来的试炼。在攻克了难关、承受住了试炼之后回头想想才能发现，这些事件的爆发暴露了我们的不足，也为我们指明了努力的方向。

当时，我们难免会抱怨“为什么我要经历这样的苦难”，但经历了苦难得到成长的我们就会理解苦难的意义，感激那些曾经被我们视为不幸的试炼。

写这篇文章的时候，我再次用力拥抱了1979年独自在医院里默默祈祷的自己，然后默默地对自己说：“谢谢你，一直在勇敢地抗争，从来没有想过逃避……”

教你寻找消失的“真我”

现在的我犹如一面镜子，真实反映了我的过去。

——井上裕之

回想青年时代，对于“成长”我似乎总是怀有一种强迫观念。我认为在成长的阶段只有坚持不懈地向上攀爬，才能更加靠近成功的大门。为了不错过成长的机会，对那些超过我能力范围的事，我也从来不拒绝。如果我是这种成长强迫观念的唯一受害者倒也无妨，但是实际上我身边有很多人因此而成为牺牲品。

上大学之后，我从全州来到了首尔。在我尚未意识到自己的不成熟之前，我成了小小的一家之长。弟弟和妹妹因为要准备入学考试，所以搬到首尔与我共同生活。那时候的弟弟因为正处于青春期，所以情绪波动很大。本来任由他去，他自己就能解决的。可我却过于紧张激动，到处寻找方法“解救”他。我去找心理学教授咨询如何开导处于叛逆期的青少年，我甚至以家长的身份亲自去找弟弟的班主任老师谈话，可谓百经周折、煞费苦心。最后弟弟无法忍受我的折磨，逃回了老家。我打电话回家大发雷霆，责令他赶紧回首尔。最后弟弟不得不回到首尔，在人来人往的首尔车站，我一时激动，朝着他的额头狠狠敲了几下。

我对学钢琴的妹妹更严厉。哪怕她对练琴有一丝懈怠，我都会毫不犹豫地打她的手心。如果把我当作启蒙者来看的话，我绝对不是海伦·凯勒亲切友爱的莎莉文老师，而更类似于贝多芬那可怕的父亲。有一次因为妹妹买了一双昂贵的皮鞋，我为了教训她把家里闹得底朝天。那时，妹妹在我眼中就是奢侈无度的玛丽·安托瓦内特王妃，而我在妹妹眼中可能只是没见过世面的灰姑娘。

我之所以如此对待弟弟妹妹，自然是为了他们的成长与未来考虑。如果他们能拥有美好的未来，如果他们能不辜负长辈们的期待，那么我认为对他们再严厉几倍都是值得的。弟弟妹妹对未来的社会生活没有任何规划与抱负，我不知道因此责备过他们多少次。

结婚后出生的两个孩子以及我所邂逅的人生导师，改变了那个曾经对成长近乎偏执的我。在抚养两个孩子长大成人的过程中，我开始明白，人只有努力了解自己内心的不足，才能获得成长的动力；不主动创造自我成长的机会，只是一味地迎合父母的期望，是一种有百害而无一利的行为。

希拉里·布朗博士与迈克尔·布朗教授是一对夫妻，他们是我们夫妇二人共同的朋友。他们两个人都是牛津大学医学院的终身教授。可是有一天，这对夫妻却突然毫无留恋地舍弃了教授的待遇，举家迁往苏格兰。内向的丈夫负责打理花园、处理家务，外向的妻子在苏格兰找到了一份导游的工作——但是这份工作并不是正式的编制。为什么他们放弃了有保障的未来而选择并不稳定的生活？他们给出的答案很简单却很有说服力，我甚至想为他们鼓掌喝彩：

“因为现在的生活更幸福。”

他们认为自己已经无法为牛津大学医学院做出更多的贡献了。在这种状态下，仅仅为了享受终身教授的待遇而留在牛津，他们觉得有违初心、于心有愧。所以他们放弃了稳定的生活与安逸的幸福，去寻觅适合他们的新归宿。他们留下了这样一句话：

“请不要用金钱、名誉及权力去评价人的一生。因为我们都需要在当下的生活中寻找幸福。”

在我通过“牛津之声”接触到的世界知名学者及商业领袖中，没有人把获得成功、实现抱负作为人生的终极目标。在采访他们的过程中，他们也很少谈及那些在励志类图书中屡见不鲜、老生常谈的观点与建议。相反，很多学者都反复强调：我们需要寻找那个在追求成功、实现抱负的过程中逐渐消失的真正的自我。

我与伦敦市长鲍里斯·约翰逊见面的时候，他也表达了同样的看法。他为人正直、平易近人，每天骑着自行车上下班，好像伦敦市民任何时候碰到他都可以与他随心所欲地沟通与交流。若是在网上搜索他的名字，很有可能首先映入你眼帘的就是他打着哈欠的照片——他就是如此洒脱、如此不拘小节。他向我表明了他对人生标准的看法。

“走你认为正确的人生道路吧，所有的判断都不要依托于任何人，而仅仅需要取决于我们自己。”

米兰医科大学的教授达里奥·弗朗西斯科也发表了与他相同的见解，他给出的建议很具体。

“全盘接受他人的建议也是有风险的，要按照自己的准则有选择地去接受。特别是上了年纪的人给出的忠告，更应该去其糟粕、取其精华后再采纳接受。”

人生就是一场不断寻找自我的旅程。我们每个人都有决定人生走向的权利。当然，这个世界也会为我们设置路障，阻碍我们前进的脚步。但是就算举目四望、无路可走也不是毫无意义。只要我们树立自己的原则，不管是可以通行的路，还是无法通行的路，都会产生各自存在的意义。

前任PA咨询公司的会长约翰·莫伊尼汉（John Moynihan）说自己大学毕业后四顾茫然、无路可走。因为他大学时期十分懒惰，对学习没有任何兴趣，满脑子都是玩乐，再加上他加入了摇滚乐队，常年混迹于迪斯科派对，毕业后没有一家公司愿意录用他。无奈之下，他决定攻读麻省理工学院的研究生。他曾经为了逃避学习，沉溺于玩乐，如今他重新回到了学习这条路上。但是一件不可思议的事情发生了。读研明明是他在走投无路的状态下不得已而做出的选择，却使他感受到了学习的乐趣。所以说人生就是如此奇妙、如此变幻莫测。如果他早点儿感受到学习的乐趣，是不是就可以更快地寻觅到人生的捷径？他在接受“牛津之声”的采访时，一口否定了这种假设。

“难道不正是因为我痛痛快快地玩过，所以才能毫无悔恨地投身学习吗？大学时期，我在玩乐中度日，那也是我出于本心的选择，所以我并不后悔。”

他接着说道：

“如果现在的生活是你想要的，那么一定要保持参与状态。就算目前实力不足，就算目前状况不佳，也不要犹豫不前。如果是因为别人而不得已牵涉其中，那就不要在意别人的看法，果断离开，重新开始，也不失为明智的选择。

最后，这些决定都会为你的人生加分。”

为了过好属于我们的人生，到底什么样的态度才是最为可取的呢？加利福尼亚大学信息学院的院长克里斯汀·伯格曼教授对过于执着于未来的人生态度表示了自己的担忧。

“有的人过于执着于明天、明年乃至十年之后的未来。规划未来的蓝图，以长远的目光审视人生的行为虽然是可取的，但却不必对此过于执着。”

她的话说明了过于强调未来的价值，可能会使我们忽视当下人生的价值。不管现在我们过着怎样的生活，我们都需要在当下的生活中寻找真实的自我。中国苏州工业园区的杨会长曾说过这样的话：

“我们要学会享受当前的工作。我们应该更积极主动地去完成现有的工作，从我们每天埋头苦干的工作中找到乐趣，而不是急于寻找新的工作机会。”

现有的工作总是让人厌倦，只有新工作才能让我们感受到久违的激情，这是一种我们常常会产生的错觉。日常的反复性工作很容易让我们厌烦，我们常常悲观地看待这种生活，把这样的生活当成是一种毫无意义的循环。但是所谓的“我”真实存在于这种反复循环、日复一日的生活中，成功、幸福、抱负与成长也在此与我共存。

如果地球上有六十亿人在生活，那么就有六十亿种人生，有六十亿种生命轨迹。现实生活与韩国电影《二重身》不同，世界上没有两个人的人生是一模一样的。每个人都有自己的生活方式，别人无权指指点点。只要不违背伦理道德的底线，所有人都有权利按照自己的准则去选择属于自己的幸福生活。成功与幸福的标准必须由我们自己来确定。我们需要考虑自己是否过着让自己满意且知足的生活，与此同时，我们也需要反思自己是否为了自我满足而否定了他人的生活准则。所谓的了解某个人，就是要从理解他的生活方式及生活准则开始。这种人生态度可以确保我们每个人都获得自己的幸福，是对彼此的一种体贴。

不久之前，我为自己过去鲁莽、严苛的行为向弟弟妹妹表达了歉意。但是他们对过去的陈述与我记忆中的画面有很大的不同。妹妹一边回忆过去一边对我说：“姐姐，你确实打过我的手心，但是只有一次。我记不清你是不是因为我买了昂贵的皮鞋而唠叨过我，估计那会儿我早就逃之夭夭了，什么都没听到吧。”弟弟也对我说：“在车站你确实敲过我的额头，但是你只是轻轻敲了几下而已。”我怀疑他们是不是为了减轻我的负罪感而故意对当年的往事轻描淡写，但他们只是拍了拍我的肩膀，对我微微一笑。

“姐姐原来就不太习惯对别人说过分的话。当时你小小年纪就要负责照顾我们，说过几次过分的话，看来现在还放在心上啊！”

“姐姐，我们瞒着你把想做的都做了，该玩的也都玩了。我们又不是傻瓜，怎么会被姐姐牵着鼻子走呢！”

“啊，这样真是太好了！”

虽然这件事再次佐证了我的记忆力确实不怎么样，但是我终于可以安心地舒一口气了。无论在人生这条路上走了多远，我们都无法全面认识自己。所以我们要更加用心地去探索如何走好这一生。

我敢说，走过的路很美好

人是一种在不断的选择中不断前进的生物。

——摩尔

我一直对人生中具有重大意义的转折性事件很感兴趣。所谓的转折点是人的一生中某个具有决定性意义的瞬间，也是将一个人的人生引领至今时今日的重要契机。对我而言，与丈夫结婚、幸运地成为两个孩子的母亲、在年逾半百的时候进入牛津大学进修等，都可以称作我人生中的转折点。

我们之所以会谈及人生的转折点，是因为我们心底存着对更美好人生的憧憬。“听说人的一生中会遇到三次机遇，现如今摆在我面前的机会能为我带来成功吗？”我们无数次地站在人生的岔路口，因为选择而苦恼不已。“每次遇到这样的情况，要是能有一位神仙从天而降，告诉我哪条路更好，或者有某个人能告诉我这件事将会对我的人生产生怎样的影响，那该有多好！”

在对我道出了这种看似年少无知的想法后，安德鲁·格雷厄姆（Andrew Graham）教授只是无言地笑了笑。十余年来，他一直担任贝利奥尔学院的院长，离正式退休还有一年的时间，他却宣布要提前退休。看到老教授不得不离去，我的心中充满了惋惜。为了多听听他的故事，我邀请他接受“牛津之声”的采访。

“虽说这样再好不过，但是人生从来就是无法被计划的。”

关于他的人生逸事，他一点点地向我娓娓道来。年轻的时候，他的梦想是成为一名经济领域的学者。他当时在英国政府担任经济要员，在那里遇到了一位名叫巴洛克的上司。巴洛克是一位非常严厉的领导，他很少称赞别人，不管是指责还是建议，他都开门见山、直言不讳。在他面前，格雷厄姆教授总是蹑手蹑脚、唯唯诺诺。但是一个偶然的契机，这位可怕的上司成了牛津大学贝利奥尔学院的经济学教授。不知道出于怎样的考虑，巴洛克建议格雷厄姆教授选择跟他相同的人生道路，也就是说，他劝格雷厄姆教授申请贝利奥尔学院的经济学教授这一职位。虽说这是一个不错的机会，但是真的行得通吗？格雷厄姆教授陷入了深深的忧虑。巴洛克只说让自己申请，但是自己能不能成为教授，他既没有给予肯定也没有给出任何保障。如果贸然申请却失败了的话，格雷厄姆教授就有可能失去现有的工作。最重要的是格雷厄姆教授非常害怕这位上司。“申请成功就意味着我以后要与这位可怕的上司继续共事了！”就在格雷厄姆教授举棋不定、纠结不已的时候，他跟巴洛克这位可怕的上司有了一个独处的机会——两个人搭乘同一部电梯，但是中途电梯却因为故障突然停了。格雷厄姆教授好不容易与物业管理办公室的工作人员取得了联系，催促他赶紧把说明书找出来读给自己听听，工作人员可能因为过于慌乱，一时半会儿竟然找不到说明书。就在这个瞬间，格雷厄姆教授不经意间吐露了自己的心声。

“这部电梯就好像是我的人生，到底应该怎么办，怎么连个说明书都没有呢？”

值得庆幸的是几十分钟以后，电梯自动恢复了正常。直到那时，格雷厄姆教授才反应过来，自己刚刚的行为对上司来说是一种无礼的举动。他尴尬地低下头，默默地背向巴洛克而站，突然，耳际传来巴洛克温暖柔和的声音。

“电梯肯定是有说明书的，只不过一时之间找不到罢了。但是对于人生而言，本来就没有说明书这种东西。你想寻找这种东西，本身就是错误的。为什么要苦苦寻找根本就不存在的东西呢？”

格雷厄姆教授好像被什么击中了，因为一直以来他都以为人生中的每条道路都有确切的答案。虽然毫无把握，但是最后他还是申请了教授一职，值得庆幸的是，他获得了在贝利奥尔学院任职的机会。而且，这位曾经让他觉得害怕的上司如今已经成为他的挚友。这个被困电梯的小事件对格雷厄姆教授来说是人生的转折点吗？是有决定性意义的机遇吗？格雷厄姆教授沉思了一会儿，随后摇了摇头。

“不是，我不认为是这样。所谓的机遇不是从天而降的，而是需要我们自己去创造的。你体验过风板冲浪吗？希望海面保持风平浪静是一种无谓的期待，因为这从一开始就是不可能的。海面起风的时候，我们要竭尽全力去对抗。在我们的人生中，也常常会刮起阵阵狂风，每当遇到这种情况，我们不能就此随波逐流，必须奋起反抗。我们的这种抗争行为孕育出了所谓的机遇，因此机遇绝不是运气。”

他认为被困电梯这件事不过是众多人生经历中的小小一件。很多年后，当他再次回想起这件事的时候，他发现这不过就是一件普通的逸事，并没有什么特别之处。将小事转变为人生中的机遇，这是让他备受折磨的上司馈赠给他的人生启示，也是他诚恳踏实、用心努力的结果。

牛津大学的金钟民教授曾经是三星综合技术院的专务，当我问他最重要的人生态度是什么的时候，他给了我一个粗线条的答案。

“不要瞻前顾后，用心去努力。”

考虑现有的情况，臆测未来的结果，可以说是最没有现实意义的行为了。人生犹如存钱，而不是买保险。努力过好每一天，用心积累经验，不必像买保险一样，一定要有明确的目的。认真生活，机遇就会像礼物一样来到我们的身边。所以需要做选择的时候，不必急于一时，有的时候采取观望的态度，推迟做决定的时间，从容选择人生的方向，也是一种可取的姿态。虽然大家都说这个世界瞬息万变，但是只要肯抽时间去应对，世界上没有解决不了的问题。

夏洛蒂是我的朋友，她在牛津大学学习拉丁语。毕业在即，到底应该做什么，这让她觉得很茫然。自己如此努力地学习到底是为了什么，这个疑问在她的脑海里挥之不去，她说自己仿佛一夜之间变成了一只迷途的羔羊。有多家公司愿意录用她，可是在准备入职的过程中她对未来仍旧没有明确的规划，所以最后她决定继续攻读研究生。可以说，为了暂时摆脱必须做出决定的压力，她选择了逃避。选择逃避的人生没有乐趣，当然，她也未能例外。但是，她能挺过那段枯燥的岁月，多亏了她心中的信念。

“当时我下定决心，只要是我应该做的事情，那我就努力做好。因为不知道自己想做的事情到底是什么，所以将眼前的事情做到最好就是我唯一的安慰，也是我能做的全部的事情。”

有一天，夏洛蒂看到了一则新闻，给了她很大的触动。那就是美国发生了“9·11”事件。一个月以前，夏洛蒂因为要准备研究生论文，正好在纽约。就在那个瞬间，她突然明白了自己想要做什么。“9·11”事件发生之后，她一直密切关注着美国政府对这件事情的处理，并且开始认真思考自己的未来规划。确定了自己的目标之后，她开始坚持不懈地努力，最后她进入了BBC广播公司，成为一名记者。（不久之前，她成为国会议员，再次改变了人生的方向。）对未来的迷惘，让她暂时选择了逃避，但是这段逃避的时光最终对她来说也不是毫无意义。人生中，没有哪一段时光是完全没有价值的。不管当下的你过得如何，人生都不会轻易无视你，它总是会给你带来这样或那样的礼物，虽然有时看起来显得微不足道。

世界知名的战略咨询公司New Paradigm（新典范）的创始人、多伦多大学经营管理学院的教授唐·泰普史考特（Don Tapscott）曾说过这样的话：

“不管身处怎样的环境中，我们都可以领悟出人生的智慧。”

美国加利福尼亚大学信息学院的院长克里斯汀·伯格曼教授也说过类似的话：

“每天都是新的一天，都要开始新的冒险。我们的目标就是要过好每一天。在这个循环往复的过程中，我们反而会发现很多意想不到的机会。”

没错，特别的机遇也开始于平凡的一天。努力让平凡的一天变得特别，我们的人生也会因此而更加丰富多彩。

大卫·塔格特（David Taggart）博士是世界心脏手术界的权威，他的日常生活异常忙碌。患者若希望由他亲自主刀动手术，可能需要等待几个月的时间，因为每天都有好几场手术需要他亲自执刀。不知道是不是因为工作太忙，他至今仍是单身。我们初次见面的时候，我就问了他这样的问题：“你每天都忙得不可开交，你都是如何计划和安排的？”塔格特博士听了我的问题后，放声大笑回答我说：

“在我的字典里没有‘未来’这个词。今天就是我的未来，今天就是带给我幸福的那个瞬间。”

他很珍视也很热爱自己的工作。在采访的过程中他也曾反复提到“能够为生命的本源——心脏做治疗，是我莫大的幸运”，他对这份工作的感激之情溢于言表。他说执刀手术的每个瞬间都至关重要，容不得半点儿疏忽。也就是说在他的人生中不存在所谓的转折点。

牛津大学马丁学院的院长伊恩·高登教授（Ian Goldin）也持有相同的看法。马丁学院是牛津大学的“通涉”研究基地。这里的研究课题多种多样，涵盖能源与环境、伦理问题、健康与医学、技术与社会等多个领域。引领学术研究方向的高登教授说过这样的话：

“你是说人生中的机遇吗？专注于做好眼前的事吧，这就是人生的全部。未来永远都戴着神秘的面纱，但是如果专注于眼前的事，把当下的工作做到最好，那么自己的未来在某种程度上来说也是可以掌控的。”

D. 诺布尔教授认为成功有以下两个必要条件：

“成功的第一个必要条件是‘坚持不懈地去努力’，第二个必要条件是‘努力后仍保持坚持不懈’。所谓的成功不过是证明某种东西或状态一直持续。除此之外，我想不到幸福的秘诀、成功的秘诀还能是什么。就以我来说吧，因为我坚持不懈地努力，所以我的生活中总是会出现一些新的东西，而这些新的东西又激励我继续坚持不懈地努力下去。”

毫无疑问，两个人都给出了明智的回答。上了年纪之后，当我回顾人生的时候，终于明白了一个道理，那就是这个世界上没有什么事是不能解决的，只是我没有去做罢了。那些我错过的选项，不过是因为我没有去选择；那些我没有走过的路，不过是因为我没有勇气试着去走。如今，不要再对错过的东西及没走的路心存迷恋了。无法拥有一切，这才是人生本来的样子；只能选择有限的几条路去体验，这才是生活本来的面貌。所以，对拥有的东西，对走过的路，我们需要投入更多的爱。我们必须坚信自己走过的路、自己正在走的路都充满了美好。

我结婚的那天下着暴雪。“怎么偏偏挑我结婚的时候下雪，客人们能顺利赶到婚礼现场吗？”因为糟糕的天气，我开始不停地抱怨，夹杂着对客人的各种失望与不满。这时，爸爸抓住我的手，对我说：“女儿，你结婚以后一定能过得很好。人们都说在下雪天举行婚礼的夫妻，一辈子都会生活得美满幸福。”

如今的我知道爸爸当初说的不过是一句善意的谎言，只是为了安慰闹情绪的我。但是这句明显带着安慰口吻的话就好像是一句带着魔法的咒语，在我的心底生根发芽。结婚以后的很长一段时间内，我都跟丈夫说，正是因为我们在下着暴雪的日子结了婚，所以才像现在这般幸福。

所有的事情都因为我们赋予其不同的含义而变得不再相同。那么从今天开始，把生活中的每一天都看作人生的转折点，如何？把目前正在做的事看作可以改变人生轨迹的重要契机，如何？

在英国牛津昏暗朦胧的清晨里，我揉着惺忪的睡眼，一边回顾往事，一边敲击键盘，用文字记录我的过去。我觉得这个清晨对我来说也是意义非凡的。就在我为这个清晨赋予特殊意义的瞬间，小小的希冀开始汇集起来，给了我坚持下去的勇气。总有一天，我今天写下的文字会成为一本书，如果这本书的每一位读者能因为这些文字而觉得自己的今天是有意义的，那该有多好。啊，这样的想法也是贪心的表现吧！

人生就是一种无厘头

常识就是人到十八岁为止所积累的各种偏见。

——爱因斯坦

随着阅历的丰富，随着年岁的增长，我发现了一个不容置疑的事实，那就是人、人生和我们生活的这个世界，不管我们怎么努力去了解，都搞不清楚。每当我们觉得看清了这个世界，世界就会背叛我们。我们总是不停地问自己，什么时候才能看透人生，却久久无法找到答案。所以不管什么时候，生活总是让我们费解。在这令人费解的生活中，如果说我们还需要一条可以依托的原则的话，那就是永远不要觉得自己已经看透了人生、人和我们所处的这个世界。

曾在哈佛大学任教、现任牛津大学经营管理学院院长的图法诺教授在接受“牛津之声”的采访时，说过这样一句话来表达他对人生的看法。

“人生太复杂了，很难一言以蔽之。”

当我问他成功的秘诀是什么的时候，他也给出了智慧的回答。

“对成功的秘诀高谈阔论，我不觉得自己现在有这样的资格。谁能够断言说自己已经成功了呢？人生是一个不断变化和发展的过程。谈论成功本身就是一种傲慢的人生态度。”

尽管世界、人生还有人都不是一成不变的存在，但还是有很多人孜孜不倦地想要去探索、去了解。今年二十五岁的陈艾伦在世界知名的金融公司 JP 摩根任职，因为好奇，他在报纸上刊登了一则特别的广告。广告的内容是为自己寻找一位人生导师，他还给出了每小时支付二十英镑作为报酬的条件。他已经拥有了一份让人艳羡的工作，大家都觉得这是他在胡闹，都对他的行为一笑了之，但我在听完他的话之后，却再也笑不出来了。

他就是人们口中的那种“别人家的孩子”，学习好，人长得也帅气。加之他的性格、品行都不错，是一位谦谦有礼的大好青年。在中国的时候，他就是学校里的精英，决定到英国留学之后，他的牛津大学求学之路也是走得一帆风顺，他以优异的成绩从牛津大学毕业并且找到了一份让人艳羡的好工作。他看起来毫无缺点，绝对是同龄人羡慕忌妒的对象。怎么看，他的人生都是完美的，但是他却说自己过得并不幸福，而且每天都在焦躁与不安中煎熬。

“有一天，我认真观察了一下我周围的人，发现没有任何一个人可以为我的人生指点迷津。”

虽然在别人的眼中，他的人生一片坦途，但是他也是一个正常人，也会因为未来而不安，也会因为明天而恐惧。如果有一个人可以依靠该有多好，可是环顾四周，他的身边却没有这样的人。没有人知道他有这样的烦恼。

最后，他邂逅了一位跟他父母年龄相仿的女导师。这位女导师给艾伦讲自己平凡的人生故事，同时她也用心倾听艾伦的烦恼。虽然他们之间的谈话没有什么针对性，也不涉及任何解决方案，但是艾伦觉得与她谈话一个小时的价值要远远超过自己支付的二十英镑。

“不管是吃饭还是买衣服，我们都要花钱。我跟她一起探讨人生，听取她的建议，我应该支付经济报酬。”

读书或者与人见面可能都是我们获得人生智慧的一种方式。尽管如此，为什么我们还是觉得自己的人生智慧匮乏呢？可能是因为我们的心底对失败有一种天生的恐惧，也可能是我们总觉得自己会走很多弯路，因此而惴惴不安。我们就好像是开着一辆没有防滑轮胎的车行驶在风雪路上的司机。

几年前，已故的巴基斯坦前总理布托曾到牛津大学发表演讲。针对人生中的弯路，她的一番言论给我留下了深刻的印象，让我至今记忆犹新。

“害怕走弯路？各种各样的失误与尝试构成了我们的人生。一生中，我们会走很多弯路，走弯路是理所当然的事情。只有在走了很多弯路、犯了很多错误以后，我们才能做出正确的判断。只有时过境迁之后，我们才能推断出当时的决定到底是正确的还是错误的。在需要做决定的时候，不管我们怎样反复思考，都无法知晓结果的对与错。什么样的决定才是最明智的选择，没有任何人知道。所以说行动远比决定重要得多。因为不管我们做出什么样的决定，都会因为执行程度不同而产生结果上的差异。多做决定、多走弯路吧。但是有一点需要谨记，那就是不要在行动上偷工减料。”

人生本来就没有正解。很多人都在苦苦寻觅一种方式，借此构筑更美好的人生。但是这种方式真的存在吗？曾多次获得诺贝尔化学奖提名的卡罗尔·罗宾逊（Carroll Robinson）教授是一位天才。她才华出众，在她年仅十五岁的时候，就进入了世界知名的制药公司工作。因为家境贫寒，所以她小小年纪就不得不开始工作。她在制药公司的实验室上班，一边赚钱，一边享受化学给她带来的快乐。

她的生活看起来一直很舒适、稳定。但是与她共事的人觉得她身上缺乏人性魅力，她也意识到了这一点。可是问题究竟出在哪里呢？公司的上司为困惑不已的她提出了这样的建议：

“你总是站在技术的角度去分析你生活的世界和你身边的人，这可能是因为你从事技术分析的工作。偶尔忘记所谓的技术和公式，试着用心与别人交往一下吧！”

虽说时机有点儿晚了，但是上司还是建议卡罗尔去读大学。之所以提出这样的建议，不是想让卡罗尔去获得更多的知识，而是希望她能放下对知识的执着。从那时开始，卡罗尔有了双重身份，既是一名上班族，又是一名学生，她仿佛回到了自己最幸福的那段时光，学生时代的化学课、化学老师再次出现在她的人生中。

她从化学老师身上学到了很多知识以外的东西：不管学生们提出怎样荒唐可笑的问题，都耐心回答的真诚；为了让学生们更好地理解晦涩难懂的知识点，讲课时用心斟字酌句的体贴。这些感情不是靠技术手段可以实现的。可能正是因为这段经历，卡罗尔在接受“牛津之声”的采访时说了这样一句话，“我们不能凭借技术走完这一生”。

有一天，我发现办公室里刚入职的职员脸色不太好看。

我试着打探了一下，他跟我说“牛津之声”的元老级编辑M教授伤了他的自尊。也罢，M教授本身就不是一位好惹的人。怎么说好呢？M教授对工作有着高度的责任心，富有职业精神。只要是与工作相关的事情，他都会毫不迟疑大喊一声“No!”，如果工作上有什么错误之处，他也会毫不留情地当场指出来。

站在职员的立场上来看，M教授一定是一位可怕的上司。英国人不会采取开门见山的方式与别人沟通，女人的牙齿上沾了口红，他们会假装没看见，男人的鞋带开了或者裤子忘记拉拉链，他们也不会指出来。他们认为这是对对方的一种照顾、一种礼节。如此看来英国被称作“绅士之邦”也是理所当然的。

在这种文化氛围下，开门见山的沟通与举动自然是无法被接受的。但是我认为M教授的行为是另外一种形式上的照顾与礼节。他是那个让你擦掉沾在牙齿上的口红、绑好鞋带、拉好裤子拉链的人，他让你不再成为别人嘲笑的对象。我对这位职员只说了一句简短的话：

“先搁置一下你对M教授的不满吧。”

我只是单纯地希望他不要仅凭一时的感受来评价 M 教授。愤怒的情绪越早压制越好。让不良的情绪影响一天的生活，这是不明智的。可能有很多人好奇两个人的关系最终会怎样，让我给你们一点儿提示吧。有一次，我问牛津大学的东方学教授罗伯特·迈尔，“人生中的哪一刻让你觉得最有成就感”，他给了我这样的答案。

“那就是把仇人变为朋友的时候。”

不久之前，为了冥想，我去了释一行禅师创建的梅村禅修道场。我在禅修道场中一边漫步，一边整理自己的思绪，就在这时我看到了一群穿着黄色僧袍的小僧侣正在打乒乓球。他们的样子看起来如此可爱，所以我在他们身边坐了下来。有一位小师父看到了我，冲我微微一笑，问道：

“你会打乒乓球吗？”

“虽然不太会，但是我很想试一试。”

就这样，我们在运动中挥洒着汗水，两个人也变得越来越亲近，我问他为什么选择成为一名僧侣。

“为了探索人生的意义啊。”

啊，人生的意义。这是我寻觅了半辈子都百思不得其解的问题。我问他是否找到了答案。

“我现在还在探索中呢！”

面对人生这一课题，我们每个人都不是夸夸其谈的学者，而是孜孜探索的学生。我们不是阐释生活意义的人，而是寻找生活意义的人。人生是任何专家都无法精通熟稔的未知领域。

就这样，我们走在永远无法被征服的人生之路上，体验着各种喜怒哀乐。若有哪个存在无法被理解却能让人从中体会到幸福，那这个存在便是人生吧。

珍视自己的理由

我们每个人的降生都像是一部感人的电影，因此我们每个人都有义务生活得更幸福。

——于娟《此生未完成》

每当我想到“孤独”这个词时，总会产生这样的想法。我们并不是因为孤身一人才感到孤独，就算身边有很多人，我们也会在某种程度上觉得孤独。尤其是身边有很多人却没有人能带给我们真正的安慰时，这种孤独感更甚。人之所以会觉得孤独，是因为缺少爱。被爱的人不会觉得孤独，感受不到爱的人才会觉得孤独。是否会感到孤独的关键就是是否有人爱你。

人的爱有两种形态，一种是爱他人，一种是爱自己。别人给的爱是致命的，是诱人的，同时也是有局限性的。首先我们很难找到一个可以永远爱我们的人，另外，别人给出的爱也很难满足我们的期待。就算是最亲近的家人，也无法给予我们想要的爱。

可以永远且始终如一地去爱我们的人只有我们自己。只有自己才能给自己想要的爱，只有自己才能安慰受伤的自己。提到爱自己，首先就想到利己主义，这是不对的。在人的一生中，爱自己的方式有很多。

在英国的黑潭，每年都要举办伦敦舞蹈冠军锦标赛，就是在那里，我第一次遇到了安。在20世纪50年代，黑潭是著名的度假胜地，如今，世界各地的优秀舞者每年都会会聚于此，比拼才艺，这里可谓人山人海、热闹非凡。在足球、舞蹈、园艺、高尔夫等多个领域，英国都拥有“始祖”的头衔。我代表“牛津之声”接受邀请来到这里，一个偶然的机会，与一对来自香港的夫妻选手一起共进午餐。他们说每次来英国参加比赛的时候都会住在老师的舞蹈工作室里，还要上大约三十节训练课。每年来英国参加舞蹈节或舞蹈比赛的选手们一般都会选择住在老师家里。同桌的新加坡选手Y也同样住在他八十一岁高龄的老师家里。

而安正是这位八十一岁的老师。她在英国经营一家舞蹈工作室，培养了很多优秀的舞者，她是一位世界知名的编舞及舞蹈教育家。安的面色看起来透亮明快，根本不像一位年逾八十的老者。虽说她的额头上堆满了细小的皱纹，但是却透着一种不凡的气韵，让我忍不住想要上前摸摸她的脸。我一直盯着她看，心里思忖着原来上了年纪的女人也能如此优雅、如此光彩照人，我也可以像她一样老去吗？

“我希望自己变老的时候，也可以跟你一样。”

不知不觉中，我说出了自己的心声。听罢我的话，安好像早有准备一样，丢给了我一个略显突兀的问题。

“你现在最爱的人是谁？”

是谁呢？丈夫、妈妈、儿子、女儿……一定要选一个吗？安点了点头。也就是说我得马上从中选出一个我最爱的人。

“那就选丈夫吧！”

听完我的回答以后，安摇了摇头说这样不行，这样的话，以后我有可能要经历跟她一样的痛苦。看着满脸疑惑不解的我，安开始跟我聊起了她的过去。安的丈夫爱上了比她小十岁的年轻模特，要求安与他离婚。丈夫的背叛使她心灰意冷，她放弃了一路陪她走来的舞蹈。安深爱着自己的丈夫，从来不曾好好爱过自己。不懂得爱自己的人生就好像是一座沙雕城堡，当海浪拍过来的时候，只会瞬间倾圮。她陷入绝望中无法自拔，每天浑浑噩噩地度日，有一天，两个女儿终于忍无可忍对她大吼起来。

“每次看到妈妈这个样子，我们都觉得好累，我们也想放弃这个世界。”

就在听到这句话的那个瞬间，安幡然醒悟。看到两个女儿饱受折磨的模样，她突然意识到自己以受了伤害为借口逃避现实，让两个孩子受到了更多的折磨。

“Sunny，我因此而立刻振作起来，开始与自己对话，也开始思考如何爱自己。最后我还是选择了舞蹈，舞蹈才是值得我珍爱一生、矢志不渝的恋人。”

是爱，是对自己的爱，让安重新振作，走出背叛的阴影，告别心灰意冷的生活状态。安说在接下来的人生中，她已经知道如何善待自己了。

我们每个人出生的时候都携带着一只“爱之碗”，用来盛装爱。碗里的爱可以是对别人的爱，也可以是对自己的爱。当碗里的爱不够多时，就会出现问题，难过和孤独就会乘虚而入。所以我们要用心搜集爱，将这只碗填满。在这个过程中有一点需要格外留意，那就是这只碗里对他人的爱和对自己的爱要比例均衡。如果在这只碗里盛满了对别人的爱，那么当这个人离去时，碗里便会空空如也。

如果“爱之碗”中什么都没有，那我们需要赶紧将其填满。“爱之碗”就犹如我们的胃，吃得越多，容量就会变得越大；吃得越少，容量也会随之缩小。只要我们努力去爱，“爱之碗”的容量就会越来越大，反之亦然。所以被爱的人，也就是“爱之碗”的容量大的人从不吝啬于表达爱、分享爱。与此相反，那些被爱得少、“爱之碗”容量小的人也拒绝爱别人。不管是爱别人，还是爱自己，爱都需要练习，需要积累经验。

我的婆婆因患老年痴呆症而离世。她用一生诠释了什么是“爱”，的人生让我肃然起敬。在别人的记忆中，她可能只是一位在街上捡废纸的寒酸老人，但是实际上她乐于奉献，多次把自己捡废纸攒下来的钱以及节约下来的生活费全捐赠给北大医学院。子女们都劝她安享晚年，享享清福，但是她仍然坚持自己的初衷。为了报答帮助过她的人，为了感谢这个温暖的世界，寒风呼啸的冬日，她仍坚持出门。在婆婆的葬礼上，一直尽心尽力照顾婆婆的小姑子们痛哭不已，说都是因为自己照顾不周，婆婆才会走得那么辛苦。我听了安的话之后就想到了婆婆。我之前一直觉得婆婆一生只顾着照顾别人，从来没有好好爱过自己。现如今想来其实并非如此。去照顾那些需要帮助的人，就是婆婆选择的爱自己的方式。有时候我常常想，如果我们能让婆婆更用心地去做她想做的事而不加以阻拦，她可能就不会患上老年痴呆。

住在镇川的姨妈非常喜欢花。在我的记忆里，姨妈常常跟院子里盛开的花朵们聊天说话。刚开始的时候我很不理解姨妈的行为，但是随着时间的流逝，我越发觉得姨妈很可爱。所以有一天我问姨妈，她每次都跟花儿们聊些什么。

“开花的时候，我会打招呼说‘你终于开花了’。如果之前开的花开始凋谢了，我就会安慰他们说‘你也到了要凋谢的时节啦，虽然很可惜，但是只有你凋谢了，才能再开出更美丽的花’。”

姨妈虽说是在与花朵对话，其实是在与自己对话。回想过去，姨妈是从姨夫去世之后才开始种花的。姨妈无法再去爱姨夫了，所以她把这种爱通过花朵转移到了自己身上。

为了与内心深处的自己对话，我选择了冥想。冥想并不是一种运动，而是一种走进自己的内心与自己对话的行为。不仅盘腿而坐的时候可以冥想，走路的时候也可以冥想。我在走路的过程中，或是在喧嚣的地铁上的时候，都会花费十五分钟左右的时间来冥想。在我最孤独难耐的时候，我开始培养冥想这种习惯。那时，每天的清晨和傍晚，我都会给自己安排一个小时的冥想时间。

不久之前，我在韩国乘坐长途汽车去参加一个熟人的婚礼。很久没有坐长途汽车在国道上驰骋了，加之还是去参加好朋友的婚礼，我的心中充满了激动与期待。但是适逢周六，从我们上午出发开始，路况就一直拥堵不堪。激动与期待在不知不觉中消磨殆尽，我开始越来越烦躁。“我都多久没有回过韩国了，这么宝贵的时间怎么能白白浪费在路上呢！”

所以我习惯性地闭上眼睛，开始冥想。就算我闭眼冥想，路况也不可能突然转好，我强迫自己摒弃杂念，努力在脑海里回忆新郎与新娘的面容，他们都是我珍贵的朋友。

为了参加这场婚礼，我推延了英国繁忙的日程安排，不远万里赶回来。“我真是一位讲义气、够朋友的人”，我在心里默默地称赞自己，脸上也自然而然泛起了幸福的笑意。就在这时，我听到了邻座一位朋友的声音，因为堵车，他跟刚刚的我一样，声音中透着一丝烦躁。

“看来你是想到了什么好事啊？”

我睁开眼睛，面带微笑地对他说：“当然了。我正在跟我的人生谈恋爱呢。”

学习如何输得华丽

如果我们的某种行为是失败的，失败的教训会让我们对这种行为一直心怀敬意。

——尼采《论道德的谱系》

“Sunny，我觉得现在还不算晚，所以我来了。你一定会欢迎我的，是吧？”

曾担任墨西哥文化部长的撒丽萨要来牛津大学参加为期三个月的语言培训，当我听到这个消息的时候，我觉得她真的是一个了不起的人。她不是普通的公司职员，而是日理万机的公司领导人，离开岗位来参加培训可不是一件容易的事，由此可见，为了参加这次培训，她下了很大的决心。

撒丽萨原本有一家属于自己的出版社，后来她被提拔为文化部长，一直活跃在国际舞台上。可是现如今的她却辞去了工作，重新开始创业。作为一家公司的老板，只要聘用英语好的员工就可以了，但是她却放下了重要的工作，特地来到英国进修。她从小的梦想就是来英国留学，但是因为家庭条件不允许，她的梦想一直没有实现。虽说她很重视自我能力的提升，但是外语不好一直是她的心结。跟她有业务往来的大部分客户都使用英语，所以她无法直接参与到业务洽谈中去，这让她觉得很郁闷。

有一天，撒丽萨突然想起了小时候的自己曾经对英语专业很感兴趣，于是她立马推掉了重要的商务会谈，毫不犹豫地预订了飞往英国的机票。话虽如此，但是整个决定的过程却并不轻松。

“说句实话，选择过来学习真的不容易。年逾半百还有魄力做这种事儿的人究竟有多少呢？都这么一大把年纪了还来参加语言培训，真是一件丢脸的事情啊。Sunny，你是博士，一定理解不了我的苦衷吧！”

哎，怎么会呢？我真的十分理解她的心情。我心中对学好英语的渴望完全来自于生活的压力。我至今仍记得第一次跟随丈夫来到牛津参加语言进修时我与自己的约定。为了给卧病在床的丈夫买药，我下定决心拼死也得学好英语。那时候我一边学习一边在餐厅打工洗盘子，坚持过好每一天就是我最大的期望。

如今回想起来，正是当时我与自己的约定和为了“今天”而全力以赴的努力成就了现如今的我。进修课程全都结束后，我回到了韩国并且取得了英语文学专业的硕士学位。之后，我作为一名英语讲师在大学和电视台工作了八年，凭借学到的本事赚钱养家，买了房子，并供孩子们读书。

这段经历使我发现我身上也继承了传统韩国女性的勤劳与坚韧。

撒丽萨对我说牛津大学的语言培训课课堂氛围特别好，但是听不懂的东西太多了，尽管如此，她还是觉得能够静下心来学习是一件特别幸福的事。苏格拉底曾说过这样一句话：“我唯一知道的事就是我一无所知。”我安慰她说你已经知道自己的英语差了，这么看来你比苏格拉底更具智慧。跟她华丽的人生经历不同，她的穿衣打扮既简洁又朴素。

从中学开始，因为受到父母的影响，她总是习惯性地先考虑别人，就算是自己想要的东西，她也愿意让给别人。她会因为家庭条件不好而放弃留学的梦想，这也是情理之中的事。她凡事总是照顾别人，所以当她有什么好东西的时候，她首先就会去考虑这个东西适合送给谁，那些她没有完成的梦想，如今终于有机会实现了，虽然这个机会姗姗来迟。

撒丽萨决定把学习时间延长至十四个月，把想学的东西都学完以后再回国。我觉得不因为自己英语不好而羞愧、脸上永远写满了愉悦的撒丽萨真的是一个潇洒的人。

在教英语的过程中我发现，给成年人上课要比给一般大学生们上课难得多。大学生们是怀着自己英语不好的心态来听课，就算错了也不会过于自责。但是成年人却并非如此。他们在学生时代都学过英语，这样的经历成为他们前进路上的绊脚石，哪怕只犯了一个小小的错误，“我怎么连这么简单的东西都弄错？”他们便会如此责备自己。有时候，这种自责也会渐渐转变成放弃。随着时间的推移，培训班上剩下的学生越来越少，这样的情形我经历过很多次，所以并不陌生。

很长一段时间内，我都在给成年人上英语培训课，所以有一件事情我非常了解。培训结束后，我以英语进步突飞猛进的学生为对象开展了问卷调查，结果显示基本所有人一开始的时候只能听懂 15% 左右。但是这些没有因为听不懂而心灰意冷的学生随着时间的流逝会迅速进步成长。

所以，在每期培训的第一堂课上，我的开场白永远都是这样的：“不要因为听不懂而产生挫败感。就算我用韩语授课，十分钟之后大家的注意力也会下降。在座的各位并不是学不好英语，只是没有处在一个英语环境中。哪怕只是吸收消化一堂课上 5% 的内容并使之成为自己的东西，这也是巨大的成功。刚开始的时候，大家不要太贪心。”

但是无论我如何帮助他们树立自信，他们还是很难降低对自己的期待。

“一切都是因为追求完美的强迫心理。”

这句话是牛津大学英语教育学院的院长罗里·库珀兰德教授说的。他是世界知名的英语教育专家，2013年他曾到首尔大学授课，课程广受好评。按他的话来说就是：这个世界不知道何时陷入了对完美主义的幻想中，人人都想着要去创造完美的世界，成为完美的人。但是所谓的完美就犹如天边的太阳，可望而不可即。追求完美的人生可能就是一场注定以失败落幕的挑战。他认为我们每个人都应该打破这种追求完美的幻想。

“在竞争激烈的社会里，陷入完美主义而无法自拔本身就是一种不健康的表现。没有人要求我们必须完美。追求完美在某种程度上来说是有害的。”

追求完美不过是我们自己给自己设定的目标。如今的社会是一个瞬息万变、竞争激烈的社会，没有谁可以成为常胜将军。胜利者的桂冠总是会随着时间的推移而不停易主。

人生之路本就不完美，我们随时都可能遇到失败这一拦路关卡。但是拦路关卡并不是停车场，我们不会在此停留，只会在此稍作休息。我们还是需要尽快赶路，毕竟未来的路还长着呢。只有能够承受住失败的考验，我们才能走得更远、更久。如果我们能意识到自己的不足，那么我们就不应该讨厌失败，因为失败有时也是一种机遇。

很多人都说我是一个“心术不正”的采访者。通过“牛津之声”我采访过很多学者，本来应该引导他们分享人生的成功经验与成果，但是我却总是会追问他们一些关于失败的看法与见解。说句实在话，比起成功的人，我对失败的人怀有更多的好感。难道是因为我经历的失败远比成功更多吗？

“人生中有失败这是理所当然的，因此而对自己失望，这也是情理之中的。”

我提出有关失败的问题，米兰医科大学的教授达里奥·弗朗西斯科并没有觉得意外，他面带微笑地回答了我的问题，又接着补充说失败后会觉得失望，这是不可避免的。

关于如何输得华丽，诺布尔教授给出了如下建议：

“就算在失败面前，也要努力寻找积极的力量。”

他补充说道，积极的力量是能够发挥威力、战胜失败的武器。我觉得我的朋友海伦身上就有这种积极的力量。海伦从伦敦大学毕业以后，依靠政府的奖学金获得了去首尔大学留学深造的机会。

刚开始的时候，因为独自一人在异国他乡生活，她看上去总是很孤独。她每天一个人望着窗外发呆，大家谈笑风生的时候，她也从来不参与。但是不知道从什么时候开始，她的表情明朗了起来，话变多了，笑容也变多了。她常常贫嘴说“我的韩语特别好”。我邀请她来家里做客，她说了一句“餐桌已经满员了”，这句不着边际的话让我们哄堂大笑。忘了是在什么时候，我曾告诉她，在韩国，我们常常用“辣椒”来代指男性的生殖器官，有一次在一个男生特别多的场合，她突然说了一句：“哇，这里有好多辣椒啊！”简直让我们哭笑不得。我觉得如今这个一脸微笑的她特别可爱，我也很好奇她是如何变得如此积极的，所以忍不住向她问了原因。

刚开始的时候，她小心翼翼地不敢说话，因为她的韩语很差。她担心自己犯错，也担心会被韩国人无视。但是，有一天她看到了韩国学生说英语的情形，韩国学生追求英语发音完美、语法正确的态度让她深受触动。实际上很多韩国人在说英语的时候，心中都有一种恐惧，担心自己的发音是不是太老土，担心自己说话的语序是不是有错误。其实说英语的时候只要弄准几个核心单词的语音语调后，基本的沟通就不会出问题，不必非得追求完美。

世界上很少有哪个国家像韩国一样如此计较外语发音的准确性。海伦突然觉得这样的韩国人很可爱。她开始慢慢确信，哪怕自己的韩语很差，只要她努力用韩语跟韩国人沟通，韩国人也一定会喜欢上她。比起在异国他乡独自一人孤苦伶仃地生活，海伦选择了哪怕失败也要试试的路。最后，她收获了包括我在内的一堆韩国朋友。

跟我共事的雷伊教授觉得人生中要经历很多失败是必然的，他给出了如下的理由：

“人生总是很复杂，所以我们无法预测和应对所有已经发生的事情。”

虽说我们总想完美地规划未来，及时调整我们的人生方向，但是却不可能事事顺心如意。人生太过复杂，在无法预知未来的情况下，比起成功，我们更容易走上失败的道路。成功不是理所当然的，失败才是理所当然的。胜利永远属于少数的人，大多数的人都是失败者。

但是每一次失败都是有意义的。虽然人生的输赢无法由我们来定论，可是我们却可以根据客观情况随时调整我们的人生态度，不管是面对成功，还是面临失败。如今我们最应该做的事情就是学习如何接受失败，成为一个优雅的败北者。既然失败不可避免，那就让我们输得华丽。

后记：追求我想要的人生

写这本书对我来说是一个挑战。在这个挑战的过程中，我又迎来了一个新的挑战，那就是冲击业余交际舞大赛的金牌。虽说我学舞蹈并非为了获得奖牌，但在获得了银牌之后，我就开始对金牌心生向往与执念。因此本书一脱稿，我就以获得金牌为目标，全身心地投入到了舞蹈练习中去。但我毕竟年逾花甲，身体与心总是各自为政。看着年轻的朋友流畅地完成各种高难度动作，我总觉得自己被他们远远甩在了身后。“一大把年纪了，偏偏要去争夺什么金牌……”一阵阵悔意袭上我的心头。不知不觉中，我开始对跳舞产生了厌倦的心理。有一天，我想着“今天就练到这里吧！”，准备收拾东西默默离开练习室，我的指导教练面带微笑地朝我走了过来，并对我说：

“你实在是想得太多了。”

舞蹈是一种自然的身体反应，不能全部靠思维来左右。但我的舞蹈中掺杂了过多的思维因素。对金牌的执着、对结果的在意，这些执念就是我跳不好舞的症结所在。我害怕输给对手，担心在比赛中惨遭淘汰，这样那样的想法使我的身体越来越僵硬，无法自然舒展。指导教练看了一眼我沮丧的脸，接着问道：

“你是希望获得奖牌呢，还是希望享受跳舞的过程？”

我装作一副无所谓的样子，用底气不足的声音回答他说：“奖牌什么的对我来说根本不重要。”在回答的过程中，我又反复思考了一下，实际上对我来说也确实如此。听罢我的话，他大笑着给出了他的建议，那就是试着随心所欲地乱舞一通。

“比起金牌，重要的是你那颗享受舞蹈的心，也就是你的意志、你想快乐生活的热情。你可以试着闭上眼睛，随心所欲地舞动自己的身体，然后试着跳一下你心中的舞步。”

指导教练的建议很简单，但是效果立竿见影。现在对我来说，比别人跳得好还是比别人跳得差，完全不重要了。因为对我来说，我跳舞的理由只有一个，那就是舞蹈让我感受到了幸福。如果不幸福的话，我就失去了继续跳舞的理由。想通了这一点，我觉得自己身轻如燕，心灵也如释重负般轻盈。最后，在舞蹈比赛中，我成为了华尔兹、快步舞、探戈、狐步舞四个项目的金牌得主。这完全超出我的想象。我第一时间就把这个好消息告诉了牛津大学埃克塞特学院的院长法兰西丝·凯恩克罗丝。这位常常给我鼓励的院长让我不要停歇，继续前进。她发给我的祝贺短信满满都是对我的赞扬与肯定。

“What terrific news! You are a great role model for younger women with your energy and elegance!”（多么振奋人心的好消息！你的优雅，你的活力，都让你成为年轻女性的榜样。）

在学习舞蹈的过程中，我生平第一次因为舞蹈而感受到了巨大的心理压力，这让我觉得跳舞这件事就好比是我们的人生。每个人都是站在人生舞台上的舞者，我们都希望自己的位置能比别人的更显眼、自己的舞姿能比别人的更优雅，因此我们费尽心思去努力。

站在人生的舞台上，有一点需要我们铭记于心。就像一个个动作构成一支华美的舞蹈一样，不计其数的瞬间汇集成了我们的人生。在我们的一生中，没有哪一个瞬间是不重要的。与朋友见面、去品尝美食、与心爱的人争吵，乃至去体会失败的心酸，这些对我们来说都是不可遗失的重要瞬间。但是环顾我们的周围，对这件事置若罔闻、一心沉迷于跳舞的人太多太多。因为求胜心切，他们的舞步凌乱了，连谙熟于心的动作也忘记了。

只有珍视眼前的瞬间并努力生活，才能跳好属于我们的那支舞，走好属于我们的人生之路。希望这本书能够成为大家下定决心努力“打造专属人生”的一个小小契机。

在撰写本书的过程中，我给母校的同仁们、“牛津之声”的同事们、首尔大学理工学院及首尔大学全球工学教育中心的同僚们以及以李学俊记者为首的广大媒体朋友们添了不少麻烦。在此，我希望与本书中出现的所有人士及不遗余力给予我支持与鼓励的朋友们共同举杯庆祝，表示我的感谢。

最后，我要感谢 Sam & Parkers 出版社的社长朴时亨先生给我这个机会与读者分享我的故事，同时也要感谢 Sam & Parkers 出版社的编辑及职员们，感谢他们对本书给予的帮助与厚爱。与此同时，我还要对我深爱的家人表示最衷心的感谢。

金性希